U0156656

宇宙奥德赛
飞向宇宙尽头

王爽—— 著

清华大学出版社
北京

图书在版编目（CIP）数据

宇宙奥德赛：飞向宇宙尽头 / 王爽著.—北京：清华大学出版社，2023.1（2024.3重印）
ISBN 978-7-302-62202-4

Ⅰ.①宇…　Ⅱ.①王…　Ⅲ.①宇宙—普及读物　Ⅳ.①P159-49

中国版本图书馆CIP数据核字（2022）第218190号

责任编辑： 胡洪涛　王　华
封面设计： 何凤霞
责任校对： 赵丽敏
责任印制： 丛怀宇

出版发行： 清华大学出版社
　　　　　网　　址：https://www.tup.com.cn, https://www.wqxuetang.com
　　　　　地　　址：北京清华大学学研大厦A座　　　　　邮　　编：100084
　　　　　社 总 机：010-83470000　　　　　　　　　　邮　　购：010-62786544
　　　　　投稿与读者服务：010-62776969, c-service@tup.tsinghua.edu.cn
　　　　　质量反馈：010-62772015, zhiliang@tup.tsinghua.edu.cn
印 装 者： 北京博海升彩色印刷有限公司
经　　销： 全国新华书店
开　　本： 165mm×235mm　　　　**印　张：** 9.5　　　　**字　数：** 152千字
版　　次： 2023年2月第1版　　　　　　　　　　　　**印　次：** 2024年3月第3次印刷
定　　价： 59.00元

产品编号：098624-01

各位读者，好久不见。

《宇宙奥德赛》系列的前两本书，分别在 2018 年和 2019 年出版。但是第三本书，一直拖到 2022 年底才出版。有必要解释一下，此书为什么会如此"难产"。

一个原因是新冠。这场改变了无数人生活的世纪瘟疫，彻底打乱了我的写作计划。但这并不是最主要的原因。最主要的原因是，此书的写作难度远远超过预期。

举个例子。市面上目前已经有很多优秀的天文科普书，涉及多个不同的主题，例如行星、恒星和宇宙。但是，纯粹以星系为主题的天文科普书到底有多少呢？就我目前所知，好像一本都没有。

星系的主题之所以如此难写，是因为它的内容特别分散和庞杂。这样一来，就很难构造一个完整而清晰的知识体系，把所有关于星系的知识都囊括进去。所以市面上的天文科普书，提到星系时不是一笔带过，就是简单放一些天文美图了事，几乎没有专注于星系这个主题的作品。

但是《宇宙奥德赛》系列的前半段（下页图），已经设计成了宇宙空间之旅，必须按从近到远的顺序，依次游历以太阳系为代表的行星世界、以银河系为代表的恒星世界和银河系以外的星系世界。所以要想完成这场环游全宇宙的旅程，一本以星系为主题的科普书是不可或缺的。

所以这 3 年，我陷入了创作上的困境。一方面，确实很难用一条清晰的逻辑主线，把所有关于星系的知识都串在一起。另一方面，由于此系列前两本书的口碑甚好（豆瓣评分分别为 9.1 分和 9.2 分），我很怕质量不高的第三本书会砸了自己的招牌。

启发我走出这个困境的，是疫情期间开通的珠海观光巴士。这条双层巴士旅游路线的特点是，以珠海市情侣路为主线，把市内最有名的旅游景点都串在一起。至于不在这条主线的景点，就直接忽略了。

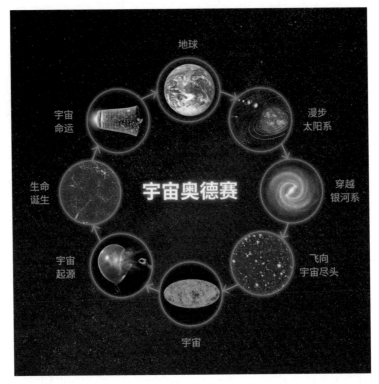

这是我最喜欢的珠海旅游路线。它给我的启发是，只要能把握住旅游的主线，即使只能游览有限的景点，一样能获得很好的旅行体验。

所以在创作本书的过程中，我做了不少"减法"。不少位于河外星系中的景点（例如伽马暴、快速射电暴和黑洞潮汐瓦解），由于无法纳入宇宙空间之旅的主线，被直接忽略。正如珠海观光巴士直接忽略了那些不在海边的景点。

不妨把我们上次旅行飞出的银河系，视为我们生活的中心城区。在它之上，还有4个更大的天体系统，分别是我们生活的城市（本星系群）、省（室女座超星系团）、国家（拉尼亚凯亚超星系团）和星球（可观测宇宙）。本书的逻辑主线，就是按照从小到大、由近及远的顺序，依次游览这4个天体系统，进而呈现出宇宙的"俄罗斯套娃"结构。正如前面提到的，为了凸显这条旅游主线，我们放弃了一些非必要的景点。

在创作上，本书沿用了《宇宙奥德赛》系列的两大核心理念，即"物理图像可视化"和"知识故事相结合"。换言之，本书几乎不用数学公式，而是靠类比的方法来介绍最核心的物理图像。此外，也会在介绍科学知识之余，讲述人类发现这些知识的历史。

到目前为止，我的新浪微博已经有了 300 多万的粉丝，而 # 宇宙奥德赛 # 话题的总阅读量也突破了 12 亿。感谢诸位网友的耐心等待。宇宙空间之旅的完结篇，让我们一起出发吧。

目　录

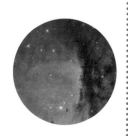

引 言

宇宙奥德赛之旅的第三段旅程，我们将从银河系出发，一直飞到可观测宇宙的尽头[①]。

但是在开始这段旅程之前，我想先用类比的方式，让你对可观测宇宙的大小，有一个直观的印象。

如果把太阳系当成一栋独门独院的"别墅"，那么地球就是这栋"别墅"里的一颗"玻璃珠"。

4000 亿栋和太阳系差不多大小的"别墅"聚在一起，就构成了一个直径 10 万光年的"中心城区"。这个"中心城区"叫银河系。

在离银河系 250 万光年远的地方，还有另一个"中心城区"，叫仙女星系。这两个"中心城区"，再加上方圆 1000 万光年内的 50 多个矮星系，就构成了一座"城市"。这座"城市"叫本星系群。

本星系群只是一座"小城市"。在离它 5000 万光年远的地方还有一座拥有 2000 个星系的"大城市"，叫室女座星系团。以室女座星系团为"省会"，再加上方圆 1 亿光年内的 100 多个"城市"，就构成了一个"省"。这个"省"叫室女座超星系团。

室女座超星系团的周围还有 3 个"省"，分别是长蛇 – 半人马座超星系团、孔雀 – 印第安超星系团和南方超星系团。这 4 个"省"像群山一样，环绕着一个位于中心的"首都"。这个"首都"叫巨引源，与地球相距 2.2 亿光年，其质量能达到太阳质量的 5×10^{16} 倍。在"首都"周围、长度为 5 亿光年的范围内，有一个形如巨大山谷的"国家"。这个"国家"叫拉尼亚凯亚超星系团。

拉尼亚凯亚超星系团并不算一个大国。它连同周边的 4 个"国家"，组成了

[①] 可观测宇宙是指以地球为中心、用望远镜能够看到的最大空间范围。它仅仅是整个宇宙的一小部分。

一个"国家联盟"，叫作双鱼－鲸鱼座超星系团复合体。这个"国家联盟"有 10 亿光年长、1.5 亿光年宽。

比"国家联盟"更大的是"大洲"，也就是所谓的星系长城。其中最有名的"大洲"包括人类最早发现的 CFA2 长城、横跨 14 亿光年的斯隆长城、横跨 40 亿光年的巨型超大类星体群，以及横跨 100 亿光年的武仙－北冕座长城。这个与地球相距 100 亿光年的武仙－北冕座长城，就是人类目前发现的最大天体结构。

而众多"大洲"又构成了一个直径 930 亿光年的"星球"。这个"星球"就是可观测宇宙。

现在你应该对可观测宇宙的大小有一个直观的印象了。它是一个直径 930 亿光年、拥有成千上万亿个星系的巨大"星球"。其外观很像一个俄罗斯套娃，由星系群（小城市）、星系团（大城市）、超星系团（省或国家）、超星系团复合体（国家联盟）、星系长城（大洲）等各种天体结构嵌套而成。

接下来，我们将按照由近及远、由小到大的顺序，依次游览我们居住的"城市"（本星系群）、"省"（本超星系团）、"国家"（拉尼亚凯亚超星系团）和"星球"（可观测宇宙）。

01
本星系群

我们所居住的"城市"，是拥有 50 多个星系的本星系群，其直径约为 1000 万光年，而总质量约为太阳质量的 2.5×10^{12} 倍。本星系群的形状像一个哑铃（图 1.1）。也就是说，它有两个星系密集的区域：一个是以银河系为"中心城区"、周边有 30 多个"小弟"的银河系次群，另一个则是以仙女星系为"中心城区"、周边有 10 多个"小弟"的仙女星系次群。

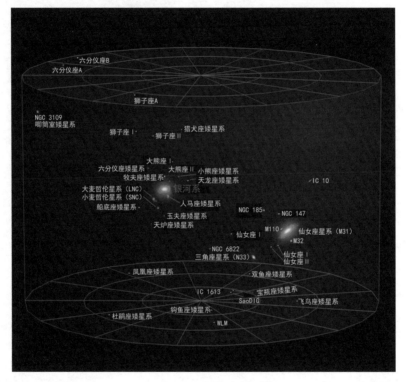

图 1.1　本星系群

　　由于篇幅有限，我们不可能走遍本星系群的每一个角落。所以，接下来我们只游览这个"城市"中最有名的景点。

1.1 倒数第一的"学渣"如何开启中微子天文学的新时代?

我们先来逛逛银河系次群。之前说过,除了银河系这个"中心城区"外,银河系次群还拥有 30 多个"小弟",也就是所谓的矮星系。在这些矮星系中,知名度最高的无疑是大、小麦哲伦云(图 1.2)。

图 1.2 大、小麦哲伦云

大、小麦哲伦云是在地球南半球才能看到的两个不规则矮星系。它们之所以有名,是因为有两项与它们相关的科研工作,在整个天文学史上都留下了不可磨灭的印记。

其中一项科研工作,我们在之前的银河系之旅中已经做过详细的介绍。1908—1912 年间,美国大天文学家亨丽爱塔·勒维特通过对大、小麦哲伦云的持续观测,证明了造父变星是一种可以用来测量遥远宇宙学距离的标准烛光,从而开创了一门全新的学科,即现代宇宙学。

而另一项研究工作,则与 1987 年 2 月 23 日的一个天文学大事件有关。

那天，在离地球 16 万光年的大麦哲伦云中，出现了一颗耀眼的超新星。那就是超新星 1987A（图 1.3）。

图 1.3　超新星 1987A

超新星 1987A，是过去 400 多年内爆发的离地球最近的超新星。它的出现，为全世界的天文学家提供了一场饕餮盛宴。到目前为止，科学家们已经发表了上万篇关于超新星 1987A 的科研论文。其中有一篇论文，还摘下了诺贝尔物理学奖的桂冠。

图 1.4　小柴昌俊

这篇论文的作者是日本物理学界一位传奇人物，名叫小柴昌俊（图 1.4）。他传奇故事的起点，是一个高中的澡堂。

高中时期的小柴昌俊是一个毫不出彩的男生。他曾经中考落榜，复读一年后才考上自己心仪的学校。在高中就读期间，由于家庭经济条件不好，他不得不在校外兼职打工，所以学习成绩一直在中下游。

1947 年，在临近高考前的一天，住校的小柴昌俊去自己高中的澡堂洗澡。澡堂内水汽弥漫，根本看不清身边的人。进去没多久，小柴昌俊就听到有人在水汽对面议论自己。

有人问："小柴昌俊打算报考什么专业？"

一个熟悉的声音回答道："他肯定学不了物理。"

说这话的，正是小柴昌俊的物理老师。此人向来很讨厌小柴昌俊，因为小柴昌俊经常以打工为由，翘他的物理课。

听到自己物理老师的声音，小柴昌俊顿时竖起了耳朵。只听此人非常不屑地说道："虽然我不清楚他会不会选印度哲学或者德国文学，但是可以肯定他完全不是学物理的料。"

这个物理老师恐怕做梦也不会想到，就是他这不经意的一句话，改变了整个日本的科学史。

在此之前，小柴昌俊确实没想过要学物理。因为在当时的日本，物理是最热门也最难考的专业。一般来说，只有全校排名前 10% 的尖子生，才有机会被重点大学物理系录取。而当时的小柴昌俊，只是一个中下游的学生。

但这个物理老师的轻蔑，还是极大地刺激了小柴昌俊的自尊心。正所谓"不蒸馒头争口气"。他当时就暗下决心，一定要考上重点大学的物理系，然后狠狠地打这个看不起自己的物理老师的脸。

离开澡堂后，小柴昌俊立刻跑去找自己宿舍学习成绩最好的同学，恳求他辅导自己功课。结果，只用了短短一个月的时间，小柴昌俊的学习成绩就突飞猛进，最后奇迹般地考上了东京大学物理系。

但在人才济济的东京大学物理系，因为经济原因被迫继续打工的小柴昌俊，很快就现了原形。毕业时，他的学习成绩排在全年级倒数第一。幸好有位叫山内恭彦的东京大学教授愿意收留，小柴昌俊才成了东京大学的研究生。

搞笑的是，山内恭彦当时并不了解小柴昌俊的学习成绩。所以，当他为小柴昌俊申请东京大学研究生奖学金的时候，遭到了自己同事的群嘲。没有奖学金，小柴昌俊不得不继续一边打工一边上学，这让他感到心力交瘁。

但没过多久，小柴昌俊就迎来了人生的转机。

1953 年，美国罗彻斯特大学物理系想招一批优秀的外国留学生来攻读博士学位，所以就委托日本物理学会推荐一些合适的日本学生。罗彻斯特大学会为这些留学生提供全额奖学金。

小柴昌俊很希望抓住这个出国留学的机会，但由于他的本科成绩非常差，按理说，他根本就没什么竞争力。

幸好，小柴昌俊有一个贵人。

之前说过，小柴昌俊利用高考前最后一个月的时间实现了逆袭，考上了最难考的东京大学物理系，这让他的高中校长特别有面子。

所以，这个高中校长就把小柴昌俊引荐给了一个在东京从事物理学研究的熟人。他希望这个熟人将来可以提携一下自己的学生。

图 1.5　朝永振一郎

申请去美国留学的时候，小柴昌俊想到了这个校长的熟人，所以他就请此人为自己写了封推荐信。正是这份推荐信，彻底改变了小柴昌俊的命运。

因为写这封推荐信的校长熟人，就是后来成为日本第二个诺贝尔物理学奖得主的朝永振一郎（图 1.5）。

拿着世界级学术大佬的推荐信，小柴昌俊再次实现逆袭，得到了去罗彻斯特大学攻读物理学博士学位的机会。

而且罗彻斯特大学的全额奖学金，让小柴昌俊摆脱了多年来一直半工半读的窘境。

不再为钱所困的小柴昌俊，潜力终于如火山爆发。只用了短短 1 年 8 个月的时间，他就拿到了罗彻斯特大学的博士学位（一般人要想拿到美国大学博士学位，至少要花 6~7 年的时间）。这个最快拿到博士学位的纪录，直到今天依然无人能破。

在美国工作了几年后，小柴昌俊于 1958 年回到了日本，任教于自己的母校。1970 年，他晋升为东京大学的教授。

到了 20 世纪 80 年代，小柴昌俊决定干一件大事：他计划做一个大型实验，来寻找质子衰变。

在此先科普一下什么是质子衰变。

在 20 世纪初，物理学家发现原子由带正电的原子核及带负电的电子构成，而原子核又由带正电的质子及不带电的中子构成。此外，人们还发现一些不稳定的原子核会自发地变成另一种质量较轻、比较稳定的原子核，这就是所谓的原子核衰变。

后来人们意识到，几乎所有的原子核都会衰变。换句话说，几乎所有的原子核都有自己的寿命。一旦寿终正寝，这些原子核就会衰亡。这意味着，在宇宙中，几乎没有什么东西能永垂不朽。

但按照粒子物理的传统观点，还有一种不会发生衰变的原子核，那就是氢原子核，也就是质子。这是因为，原子核衰变后会变成质量更轻的原子核，而质子本身就是质量最轻的原子核。这意味着，质子是抵御宇宙衰亡的最后堡垒。

但这种传统观点，在 20 世纪下半叶受到了巨大的冲击。

自然界存在 4 种最基本的力，分别是引力、电磁力、弱核力和强核力。在 20 世纪 60 年代，3 位物理学家（格拉肖、温伯格、萨拉姆）发现，只要温度足够高，电磁力和弱核力就会变成同一种力，这就是著名的弱电统一理论。它让格拉肖、温伯格和萨拉姆拿到了 1979 年的诺贝尔物理学奖。

20 世纪 70 年代，格拉肖又提出了大统一理论，其核心观点是，只要温度足够高，电磁力、弱核力和强核力就会变成同一种力。这个理论有一个最重要的预言：质子可以继续衰变。

这意味着，如果能探测到质子衰变，就可以验证格拉肖的大统一理论。这显然是一个诺贝尔奖级的工作。

为了探测质子衰变，小柴昌俊领导的研究团队在日本中部的一个叫神冈町（Kamioka）的山区小镇，找到了一个位于地下 1000 米处的废弃矿井[1]。他们在这个矿井里挖了一个深为 16 米、直径为 15.6 米的圆柱形水池，并往里面灌了 3000 吨的纯水（图 1.6）。最后，他们又在这个水池边放了 1000 多个直径 20 英寸[2]的光电倍增管（图 1.7）。

这个于 1983 年完工的大型实验项目，被称为神冈核子衰变实验（Kamioka Nucleon detection experiment, KamiokaNDE）。它的核心思想是：概率不够，数量来凑。

大统一理论认为，质子的寿命约为 10^{31} 年，这已经远远超过整个宇宙的年龄。不过，KamiokaNDE 的这一池水中，大概有 10^{33} 个氢原子核（即质子）。所以在正常情况下，这一大池水中肯定有质子发生衰变。质子一旦衰变，就会产生高速

[1]　之所以选在这么深的地下，是为了用上方的岩石层屏蔽高能宇宙线的干扰。
[2]　1 英寸 =2.54 厘米。

图 1.6　实验用圆柱形水池　　　　　　图 1.7　20 英寸光电倍增管

运动的带电粒子（其速度能超过光在水中的速度），进而产生所谓的切伦科夫辐射（一种蓝色辉光，图 1.8）。而只要产生了切伦科夫辐射，就逃不过那 1000 多个直径 20 英寸的光电倍增管的"法眼"。

图 1.8　切伦科夫辐射

　　值得一提的是，这种直径 20 英寸的光电倍增管，就是 KamiokaNDE 的"撒手锏"。在此之前，世界上最大、最先进的光电倍增管的直径，只有区区 5 英寸。但如果使用这种 5 英寸的光电倍增管，KamiokaNDE 就无法与它最大的竞争对手，也就是美国的尔湾 - 密歇根 - 布鲁克海文 (Irvine-Michigan-Brookhaven, IMB) 探测器，相抗衡。因为后者更有钱，造了一个更大的水池，里面有 7000 吨水。

　　所以，小柴昌俊就找到日本浜松公司，让他们研发了一种直径 20 英寸的光电倍增管。光电倍增管直径放大至 4 倍，其探测敏感度就会放大至 16 倍。这让 KamiokaNDE 一举超越 IMB，成为全世界最先进的质子衰变探测器。此外，浜松公司也一跃成为世界光电倍增管行业的霸主。

　　按照小柴昌俊最初的设想，KamiokaNDE 应该可以在一年内探测到质子衰变，但最后却是"竹篮打水一场空"。经过两年的搜寻，小柴昌俊痛苦地意识到，他探测质子衰变的种种努力全都以失败而告终。①

　　费了九牛二虎之力，在神冈町的地下矿井里挖了个这么大的水坑，结果却什么都没找到。小柴昌俊不得不思考怎么才能向日本政府和纳税人交差。

　　小柴昌俊的答案是，不能在一棵树上吊死。他又申请了一笔新的经费，对 KamiokaNDE 进行了全面的升级改造。这回，他的主要目标就不是探测虚无缥缈的质子衰变了，而是探测更为靠谱的太阳中微子。

　　在之前的太阳系之旅中，我们已经详细介绍过太阳中微子。下面，就来简单回顾一下太阳中微子的内容。

　　20 世纪 30 年代初，奥地利大物理学家泡利宣称，存在一种全新的基本粒子。这种粒子是电中性的，而且质量非常微小、几乎为 0，所以被人们称为中微子。

　　因为不带电，加上自身质量几乎为 0，中微子几乎不会与原子核发生相互作用。这意味着，中微子能像幽灵一样，轻易地穿过几乎所有的普通物质（例如人体和地球）。因此，就连泡利本人都曾怀疑，中微子永远都无法被探测到。

　　但事实证明，即使是泡利这样的智者也会马失前蹄。1956 年，美国物理学家莱因斯和柯万在核反应堆中直接找到了中微子。这也是人类首次发现中微子的存在。从那以后，中微子就成了粒子物理学界最热门的研究课题之一。

---

① 大多数科学家认为，看不到质子衰变的原因很可能是质子的真实寿命非常长，远远超过 10^{33} 年。

中微子不仅能从核反应堆中产生，也可以来自于宇宙。比如说，太阳就是人类目前所知的最大的中微子工厂。理论计算表明，每秒都会有 3×10^{16} 个太阳发出的中微子穿过地球，这就是所谓的太阳中微子。

为了探测太阳中微子，20 世纪 60 年代，美国物理学家雷蒙德·戴维斯在南达科他州的一个位于地下 1500 米处的废弃金矿中挖了一个大坑，并在坑里放了 10 万加仑 ① 的液态氯乙烯。一个太阳中微子有可能被一个 ^{37}Cl 原子核捕获而发生反应，从而变成一个 ^{37}Ar 原子核和一个电子。高速运动的电子又可以引发切伦科夫辐射。这样一来，就可以通过探测凭空出现的切伦科夫辐射，来反推太阳中微子的存在。利用这个实验项目，戴维斯于 1968 年首次探测到了太阳中微子。

说到这里，你可能已经注意到了，戴维斯和小柴昌俊的实验项目有异曲同工之妙：都是在超过 1000 米深的地下矿井中挖一个大坑，都是往坑里放大量的液体，都是必须探测切伦科夫辐射。这意味着，只要对 KamiokaNDE 进行升级改造，它就可以探测太阳中微子。

但问题是，太阳中微子已经被戴维斯发现了。换句话说，头口汤已经被戴维斯喝完了。就算 KamiokaNDE 能探测到太阳中微子，也不过是拾人牙慧罢了。从一开始雄心勃勃地要探测质子衰变，到后来被迫亦步亦趋地探测太阳中微子，小柴昌俊的心里应该是很苦涩的。

到了 1987 年初，KamiokaNDE 的升级改造工作终于完成了。由于主要探测目标变了，这个实验的名字也改为了神冈中微子实验。此时，由于年事已高，小柴昌俊决定在一个月之后正式退休。

就在小柴昌俊即将解甲归田之际，幸运女神再次眷顾了他。

1987 年 2 月 23 日，在大麦哲伦云中，超新星 1987A 爆发。这次超新星爆发释放了大量的中微子，其中有 11 个中微子被 KamiokaNDE 成功捕捉。这是人类历史上首次探测到来自太阳系以外的中微子。而这个发现，也开启了中微子天文学的新时代。

由于这个从天而降的意外惊喜，小柴昌俊与发现了太阳中微子的戴维斯一起，获得了 2002 年的诺贝尔物理学奖。

关于小柴昌俊一手创立的神冈中微子实验，我们最后再多说几句。由于发现

---

① 1 加仑 ≈ 3.79 升。

了超新星中微子，小柴昌俊得到了日本政府的大力支持，又在神冈町建造了一个更大的中微子探测器。这回，他们挖了一个更大的水池，并往里面放了 50000 吨的纯水，这就是超级神冈中微子实验（Super-KamiokaNDE，实验装置见图 1.9）。

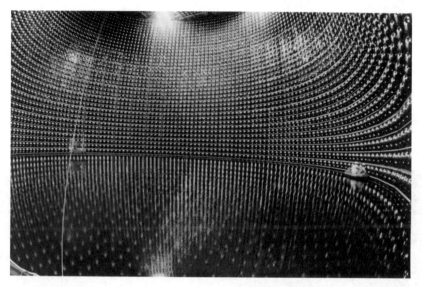

图 1.9　超级神冈中微子实验

Super-KamiokaNDE 后来又做出了一个重大发现，即大气中微子（高能宇宙射线轰击地球大气层后产生的中微子）。这让小柴昌俊的高徒、东京大学教授梶田隆章于 2015 年荣获诺贝尔物理学奖。

我们已经讲完了日本物理学家小柴昌俊的传奇故事。在幸运女神的眷顾下，他先后三次逆袭，最终成为日本物理学界的一方霸主。更重要的是，通过观测大麦哲伦云中的超新星 1987A，他成功开启了中微子天文学的新时代。

纵观人类科学史，运气确实经常扮演一个极为关键的角色。有的时候，天上的确会掉馅饼，但只有极少数人能提前做好接住这些馅饼的准备。

1.2 人类如何揭开麦哲伦星流的神秘面纱？

我们已经介绍了两个与大、小麦哲伦云有关并且改变了整个天文学史的重大发现：标准烛光和超新星中微子。接下来，我们就来看看大、小麦哲伦云本身。

大、小麦哲伦云是在地球南半球才能看到的两个矮星系（图 1.10）。大麦哲伦云与地球相距 16 万光年，其总质量约为太阳质量的 170 亿倍；而小麦哲伦云与地球相距 20 万光年，其总质量约为太阳质量的 24 亿倍。

图 1.10 大、小麦哲伦云

20 世纪下半叶，天文学家们发现了一个与大、小麦哲伦云有关的、堪称波澜壮阔的天文现象，那就是麦哲伦星流（图 1.11）。

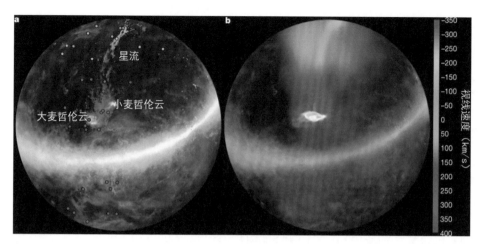

图 1.11　麦哲伦星流

麦哲伦星流的发现，得从 20 世纪中叶的一股天文学热潮，即 21 厘米氢线说起。

早在 19 世纪，人类就发现，氢原子能够发出图 1.12 所示的几种可见光，这就是氢元素的发射线。

图 1.12　氢元素的发射线

1944 年，荷兰天文学家范德胡斯特指出，除了图 1.12 展示的这几种可见光外，氢原子还可以发出一种特殊的电磁波。这种电磁波处于无线电波的波段，波长为 21 厘米，所以被称为 21 厘米氢线。为什么以前的人没发现 21 厘米氢线呢？因为它产生的概率小到匪夷所思的地步：在 1000 万年的时间里，一个氢原子发出 21 厘米氢线的次数大概只有 1 次。

但到了星系的层次，情况就大不相同了。由于星系中包含着大量的氢原子，即使概率不够，也可以用数量来凑。聚沙成塔，星系中的氢原子发出 21 厘米氢线，就成了一种必然。

用 21 厘米氢线来研究星系，有两个巨大的优势：①星系中包含的 70% 以上的物质都是氢元素，所以只要弄清楚氢元素的分布，就可以画出整个星系的"骨

15

架"；②21厘米氢线是一种无线电波，其穿透力极强，不会受到各种星际气体和尘埃的干扰。

我们在之前的银河系之旅中讲过，在20世纪50年代，荷兰著名天文学家奥尔特通过对南北半球夜空中的21厘米氢线的观测，首次画出了银河系内氢元素的分布图。正是基于这张氢元素分布图，人类才得以确定，银河系是一个形如风车的涡旋星系。这让关于21厘米氢线的研究成了一股20世纪中叶的天文学热潮。

1965年，一个叫迪特尔的天文学家在用射电望远镜观测南半球夜空的时候，看到了一种让他感到困惑的东西：在银河系南极附近用可见光什么都看不到的地方，存在着一些由中性氢原子构成的云团。这些云团的运动速度非常快，远远超过本星系群里的其他天体。所以，它们被称为高速云。

此后5年，天文学家们又在南半球夜空的其他天区，陆陆续续地发现了更多的高速云。这些高速云的分布范围非常广，在南半球的夜空中可谓无处不在。

最初，人们对这些诡异的高速云感到一头雾水，但随着天文观测技术的快速发展，情况很快就有了变化。

1972年，一些天文学家测量了这些高速云与地球之间的距离。他们惊讶地发现，这些分布甚广、颇为神秘的高速云，与地球的距离相差无几。这让天文学家们开始怀疑，这些分布甚广的高速云其实是连在一起的。

如果这些高速云真的都连在一起，那么它们肯定会有一个源头。最早找到源头的人，是一个叫马修森的天文学家。1974年，他利用一个位于澳大利亚新南威尔士州的射电望远镜持续追踪这些高速云的起源，结果一路追到了大、小麦哲伦云。最后呈现在他眼前的，是一条延绵50万光年、几乎覆盖了整个南天球的"大河"（图1.13中的粉色区域）。这条由中性氢原子构成的"大河"，就是麦哲伦星流。

此后数十年的天文观测，让人们对这条名为麦哲伦星流的"大河"有了更多的了解。这条大河由两条支流交汇而成，一条来自大麦哲伦云，另一条来自小麦哲伦云。它的最大流速能达到450千米/秒，而它的总质量能达到太阳质量的2.7亿倍。研究表明，这条大河已经奔流了大概25亿年。

图 1.13 麦哲伦星流

那么问题来了：这条延绵 50 万光年、已经奔流了 25 亿年的大河，到底是如何起源的呢？

目前，关于麦哲伦星流到底如何起源的最主流的理论，是所谓的潮汐模型。要想讲清楚这个潮汐模型，需要先介绍一个天文学概念：潮汐瓦解。

什么是潮汐瓦解？这得从潮汐力讲起。图 1.14 就展示了潮汐力的基本原理。众所周知，任意两个物体之间都存在引力，而且引力的大小与这两个物体间距离的平方成反比。所以月球对地球表面施加的引力，在不同的地方会有不同的大小。在离月球最近的月下点，月球的引力最大；而在离月球最远的对跖点，月球的引力最小。这种由受力物体自身大小而导致的引力差异，就是潮汐力。

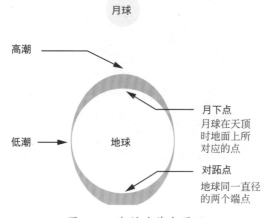

图 1.14 潮汐力基本原理

宇宙奥德赛：飞向宇宙尽头

以地球人的视角来看，月球潮汐力会对地球产生怎样的影响呢？我来打个比方。想象有一列火车，沿一条直线向前方飞驰。其中车头速度比较快，车尾速度比较慢。此时，一个坐在这列火车车厢中的人会看到什么呢？答案是，他会看到这列火车向车头、车尾两端同时伸长。

同样的道理，以地球人的视角，月球潮汐力会把地球往月下点和对跖点的两端同时拉伸。由于地球表面上最容易拉伸的东西是海水，所以月球潮汐力就会让月下点和对跖点的海水同时鼓起，这就是涨潮。相应地，位于月下点和对跖点中间的海水会出现回落，这就是落潮。正是由于月球的潮汐力，地球上才会出现潮起潮落的现象。

天体的质量越大，潮汐力的拉扯效应就越明显。举个例子，月球只能让地球表面潮起潮落，而木星则能像电影《流浪地球》中描绘的那样，让整个地球都土崩瓦解。

图 1.15 就展示了木星潮汐力让地球瓦解的原理。离木星越近，地球受到的木星潮汐力就越大，从而被木星潮汐力拉扯得越扁。一旦越过一个特定的边界，也就是所谓的洛希极限，木星潮汐力就会大到足以将地球撕碎。这个过程就是所谓的潮汐瓦解。

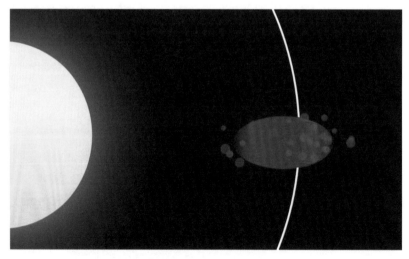

图 1.1.5　潮汐瓦解

知道了什么是潮汐瓦解，我们就可以来讲讲关于麦哲伦星流起源的最主流理论，即潮汐模型了。

1976—1977 年间，一些天文学家提出了一个早期的潮汐模型。他们认为，大概在 20 亿年前，大、小麦哲伦云中的部分天体落入了银河系的洛希极限以内，进而受到了潮汐瓦解。从那以后，大量中性氢原子就从大麦哲伦云中被剥离出来，并在银河系强大引力的吸引下持续不断地流向银河系，从而形成了这条波澜壮阔的麦哲伦星流。

但到了 20 世纪 90 年代，哈勃空间望远镜（Hubble space telescope, HST）的上天，让这个最早的潮汐模型受到了严峻的挑战。

利用 HST，天文学家们发现了一件意想不到的事情。大家本以为，大、小麦哲伦云都是银河系的小跟班，就像地球绕太阳旋转那样，在一个比较小的椭圆轨道上绕着银河系公转。但 HST 的观测结果表明，这两个卫星星系，其实在一个相当巨大的椭圆轨道上绕银河系公转：要想绕银河系完整转上一圈，至少得花 60 亿年。这意味着，大、小麦哲伦云很可能是第一次靠近银河系。这样一来，银河系就没有足够的时间对大、小麦哲伦云进行掠夺，进而剥离出这条麦哲伦星流。

所以，一些天文学家就对最早期的潮汐模型进行了修正，提出了一个改良的版本。改良版的潮汐模型认为，大、小麦哲伦云一度非常接近，进而爆发了"内战"。这场内战最后以两败俱伤告终：无论是大麦哲伦云还是小麦哲伦云，都有大量的物质被对方的潮汐力剥离。随后，大、小麦哲伦云都进入了银河系的势力范围。而这些被剥离的物质，都在银河系引力的作用下持续不断地奔向银河系，从而形成了今天的麦哲伦星流。这就是所谓的大、小麦哲伦云相争，银河系得利。

早晚有一天，麦哲伦星流将汇入银河系，就像河流将汇入大海。麦哲伦星流的汇入会为银河系注入新的活力，从而大大增加银河系新恒星的诞生速率。换言之，靠着掠夺大、小麦哲伦云的资源，银河系会变得更加繁荣。

其实遭到银河系掠夺的，远远不止大、小麦哲伦云。时至今天，天文学家已经在银河系的周边找到了几十条星流。这些星流，就来自于银河系亚群中的那 30 多个矮星系。换句话说，银河系周围的那 30 多个"小弟"，全都向银河系进过贡。

弱肉强食，这就是宇宙的法则。

谁是银河系最近的邻居？

我们已经游览了大、小麦哲伦云。很长一段时间，人类一直认为离地球 16 万光年的大麦哲伦云，就是离银河系最近的矮星系。但是到了 1994 年，事情发生了改变。

20 世纪 90 年代初，3 位美国天文学家，伊巴塔、吉尔莫和埃尔文，开始用射电望远镜探索银河系的背面，也就是所谓的"隐匿区"。

先讲讲什么是隐匿区。我们在之前的银河系之旅中讲过，银河系中心位于人马座的方向。而在银河系中心，存在大量的气体和尘埃，从而构成了一堵厚厚的"墙"。由于这堵"墙"的遮挡，银河系背面的天体所发出的可见光，根本就无法到达地球。所以很长一段时间，人类一直搞不清楚银河系背面到底有什么东西。这片位于银河系背面、让人类两眼一抹黑的空间区域，就是"隐匿区"。

不过，无线电波几乎不会受到这堵银心之墙的遮挡。换句话说，如果用射电望远镜，就可以绕过这堵银心之墙，进而探索"隐匿区"内的天体。

1994 年 7 月，伊巴塔、吉尔莫和埃尔文在《自然》杂志上发表了一篇论文，宣布他们在隐匿区内发现了一个诡异的天体。这个天体的诡异之处在于其角直径大得异乎寻常。

在天文学上，有一个专门用来衡量物体看上去是大是小的物理量，叫角直径。图 1.16 就展示了什么是角直径。简单地说，角直径就是物体两端与观察者连线的夹角，当物体尺寸远小于该物体与观察者之间的距离时，它近似等于物体的尺寸除以物体和观察者的距离。一个天体的角直径越大，此天体看起来就越大。

观测结果表明，此天体与地球的距离约为 7.6 万光年。因为此天体位于银心背面，而且地球与银

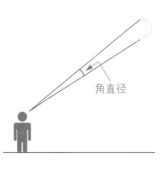

图 1.16　角直径

心相距 2.6 万光年，所以此天体与银心相距 5 万光年。事实上，银河系的半径也只有 5 万光年。这意味着，此天体就位于银河系的边缘。

但是，它长短两个方向的角直径大得异乎寻常，能达到惊人的 190×490 角分[①]。这意味着，此天体看上去要比银心黑洞大几亿倍。在与地球相距 7.6 万光年的前提下，依然有如此巨大的角直径，唯一合理的解释，这个位于银河系边缘的天体，其实是一个矮星系。后来，人们就给这个矮星系起了个名字，叫作人马座矮椭球星系（图 1.17）。

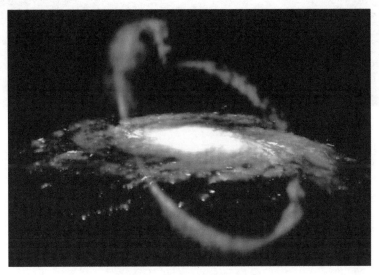

图 1.17　人马座矮椭球星系

由于游荡在银河系的边缘，人马座矮椭球星系也遭到了潮汐瓦解。很多原本在人马座矮椭球星系内部的恒星都被剥离出来，形成了一条环形的星流。而残存的人马座矮椭球星系，其质量仅为银河系的万分之一。

人马座矮椭球星系一经发现，立刻被人们公认为离银河系最近的邻居。但短短 9 年之后，事情再次发生了改变。

在 2002 年，美国天文学家海蒂·纽伯格又发现了一件怪事。在麒麟座的方向、离地球大概 3 万光年的地方，存在着一个由大量恒星构成的环状结构。诡异之处在于，这个环状结构中的恒星并没有老实待在平坦的银盘上，而是像波浪一样上

———————

①　1 角分等于 1° 的 1/60。

下起伏。这个位于麒麟座方向的环状结构，就是所谓的麒麟座环（图 1.18）。

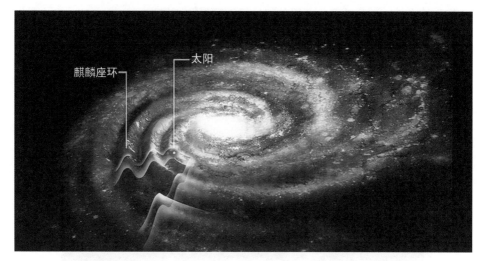

图 1.18　麒麟座环

这就非常诡异了。我们在之前的银河系之旅中讲过，由于碰撞和角动量守恒的缘故，银河系在经历了上百亿年的岁月后，已经变成了一个由四大悬臂构成的、巨大而平坦的圆盘。银河系内的所有天体都老老实实地待在这个平坦的圆盘上，并沿着相同的方向绕银心旋转。那么，麒麟座环中的那些恒星，为什么没有待在这个圆盘之上，而是忽高忽低、上下起伏呢？

最合理的解释是，它们是来自银河系外的不速之客，是被银河系潮汐瓦解后形成的产物。

那么问题来了。按理说，银河系的潮汐力只能剥离这个不速之客边缘的部分物质。如果就是这些被剥离的边缘物质形成了麒麟座环，那么目前还未被剥离的不速之客的本体，到底在哪里？

一年之后，一个由多国科学家组成的天文研究小组，找到了这个问题的答案。

这个天文小组使用的望远镜，叫作 2 微米全天巡天望远镜（two micron all-sky survey, 2MASS）。

2MASS 是一个于 1997 年启动的大型天文观测项目。它借助两台一模一样的红外望远镜（一台位于北半球的美国，另一台位于南半球的智利），在 2 微米的波段巡视全宇宙。整个巡天工作持续了整整 4 年。由于红外光能穿透银河系内的气体和尘埃，2MASS 可以看到很多可见光根本看不到的天体。

通过分析 2MASS 的巡天数据，这个天文小组在离麒麟座环不远的大犬座方向，找到了一个全新的卫星星系，即大犬座矮星系（图 1.19）。他们发现，大犬座矮星系的外围恒星已经被银河系的潮汐力所剥离。这与之前的麒麟座环的观测完全一致。

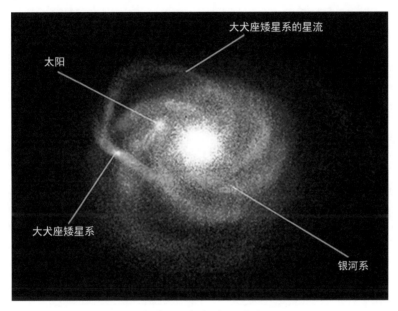

图 1.19　大犬座矮星系

天文观测结果表明，大犬座矮星系与银心仅仅相距 4.2 万光年。换言之，这个矮星系已经一头扎进银河系的内部。打个比方，如果说人马座矮椭球星系还在银河系的门外徘徊，那么大犬座矮星系就已经闯入了银河系的房子。这样一来，大犬座矮星系就一举超越人马座矮椭球星系，成了离银河系最近的星系。

大犬座矮星系和人马座矮椭球星系，就是人类目前所知离银河系最近的两个邻居。

那么，这两个近邻的最终命运是什么呢？答案是，它们迟早会被银河系完全吞并。借由吞并这两个近邻，银河系的版图将得到进一步的扩张。

天文学家普遍相信，在过去 100 多亿年的时间里，正是靠着不断的吞并，银河系的版图才得以扩张到今天的规模。

　　而在未来几十亿年的时间里，银河系的扩张还会继续。事实上，银河系亚群中的那 30 多个矮星系，大多数都会变成银河系的领土。

　　但是银河系的扩张并不会永远地持续下去。早晚有一天，银河系会遭遇它命中注定的、最可怕的对手。

1.4　仙女星系为什么能成为本星系群的霸主？

　　除了银河系以外，本星系群这座"城市"还有另一个"中心城区"，那就是仙女星系。

　　仙女星系是人类肉眼可见的最远的天体。和银河系一样，仙女星系也是一个螺旋星系（图1.20）。它与地球相距250万光年，其直径约为22万光年，而总质量能达到太阳质量的1.5×10^{12}倍，差不多是银河系的2倍。

图 1.20　仙女星系

　　在20世纪以前，人类一直认为仙女星系（当时叫仙女星云，编号M31）是位于银河系内部的一团漩涡星云。直到20世纪20年代，哈勃才在仙女星系中找到了造父变星，并算出仙女星系与地球的距离远远超过100万光年。从那以后，人类才得以确定，银河系只是宇宙中的一座小小的孤岛[①]。

我们在银河系之旅中讲过，银河系中心有一个超大质量黑洞，其质量能达到太阳的 400 多万倍[②]。同样地，在仙女星系中心也有一个超大质量黑洞，其质量能达到太阳的 1.4 亿倍。也就是说，虽然仙女星系的质量仅为银河系的 2 倍，但是仙女星系中心黑洞的质量是银心黑洞质量的 30 多倍。所以，仙女星系是本星系群无可争议的霸主。

那么问题来了：仙女星系为什么能成为本星系群的霸主？答案是，它靠着不断吞并周围的矮星系，一步步发展壮大到今天。

举个仙女星系吞并了其他星系的例子。

目前的天文观测表明，仙女星系中大概有 460 多个球状星团（球状星团是由大量恒星构成的球状恒星集团）。在这 460 多个球状星团中，有一个非常特殊也非常诡异的球状星团，被称为"M31 G1"。其含义是，M31 星系（即仙女星系）的 1 号球状星团（图 1.21）。

图 1.21　M31 G1 球状星团

---

① 对这段历史感兴趣的读者，可以参阅我之前写的《宇宙奥德赛：穿越银河系》一书的 12.3 节。

② 这个发现，获得了 2020 年的诺贝尔物理学奖。

为什么说"M31 G1"是一个非常特殊也非常诡异的球状星团呢？因为"M31 G1"中的恒星数量非常恐怖，能达到好几百万。而在正常情况下，球状星团中的恒星数量总是介于几百到几万之间。

为了便于理解，你不妨把球状星团想象成一个住宅小区。在正常情况下，小区能住几百到几万户的居民。但现在人们发现，这个名为"M31 G1"的小区里面居然住了几百万户的居民。为什么会有这种超大规模的住宅小区呢？

最合理的解释是，"M31 G1"的前身是一个独立的矮星系。这个矮星系落入仙女星系的魔掌后，其外围物质被仙女星系的潮汐力剥离，只剩下一个相当致密的核心。这个残存的核心，就变成了今天的"M31 G1"。

而被吞并的"M31 G1"并不是个例。2009 年，美国《科学》杂志上发表的一篇论文，研究了位于本星系群内的 21 个椭圆星系。这些椭圆星系有一些共同的特征：体积小、密度高、年龄老。换句话说，这些椭圆星系中包含的绝大多数恒星，其化学成分都很接近位于大型星系中心的古老恒星。所以此文的作者猜想，这些椭圆星系以前都是更大星系的核心。其外围物质被银河系或仙女星系的潮汐力剥离后，就变成了今天的样子[①]。

随后，人们发现在这 21 个椭圆星系中，有一个极为特殊的存在，那就是 M32 星系（图 1.22）。

M32 星系是位于仙女星系南边的一个卫星星系，其直径约为 8000 光年，质量约为太阳的 30 亿倍。只看这些数据的话，M32 星系就是一个毫不起眼的小角色。

那么，为什么说 M32 星系是个极为特殊的存在呢？因为人们后来惊愕地发现，在 M32 星系的中心居然有一个超大质量黑洞，其质量能达到太阳质量的 250 万倍[②]。

这就很惊悚了。我们不妨做一个对比。总质量高达太阳质量的 4000 亿倍的银河系，其中心黑洞的质量约为太阳的 400 万倍。而总质量只有太阳质量的 30 亿倍的 M32 星系，其中心黑洞的质量居然能达到太阳的 250 万倍。换言之，总质量还不到银河系 1% 的 M32 星系，其中心黑洞的质量居然和银心黑洞是同一个量级。

---

① 相应地，天文学家也在银河系或仙女星系的周围，找到了几十条宛如意大利面条般的星流。

② 对星系中心黑洞的质量测量方法感兴趣的读者，可以参阅我之前写的《宇宙奥德赛：穿越银河系》一书的 11.2 节。

图 1.22　M32 星系

这意味着，现在已经沦为小星系、看上去毫不起眼的 M32 星系，最早是和银河系差不多大小的本星系群第三号大佬。

本星系群的第三号大佬，为什么会沦落到今天的地步？

2018 年，一篇发表在《自然·天文学》杂志的论文对此进行了研究。用计算机进行了大量的数值模拟后，此文作者宣布，M32 星系的遭遇可以用图 1.23 来描述。

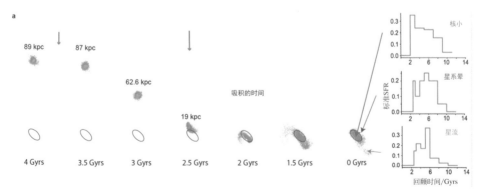

图 1.23　M32 星系的演化

kpc：千秒差距；Gyrs：10 亿年

简单地说，M32 星系和仙女星系跳了一场持续 50 亿年的死亡之舞。这场死亡之舞可以分为以下 4 个阶段。

第一阶段，起舞。50 亿年前，M32 星系和仙女星系在引力的牵引下，开始跳一场双向奔赴的舞蹈。尽管这场舞蹈会持续几十亿年，但是 M32 星系的悲惨命运，在它开始跳舞的那一刹那，就已经注定。

第二阶段，相遇。25 亿年前，M32 星系和仙女星系终于相遇了。由于星系内部非常空旷，两个星系会不断地彼此穿越。在彼此穿越的过程中，质量较小的 M32 星系的外围物质，会被仙女星系的潮汐力一点点剥离。久而久之，M32 星系就会被潮汐瓦解。被潮汐瓦解后的 M32 星系会变成三部分：最里面的是一个未被潮汐瓦解的致密核心，中间的是富含重元素 [1] 的内恒星晕，最外围的则是已经弥散开、包含大量氢气和氦气的星流。

第三阶段，并合。20 亿年前，在彼此穿越中变得越来越近的 M32 星系和仙女星系，开启了并合的过程。这个并合过程中发生的头等大事，就是外围星流逐渐汇入了 M32 星系和仙女星系的核心区域，从而在这两个星系的内部引发"星暴"。所谓的星暴，就是爆发式的恒星形成过程。研究表明，仙女星系中大概有 20% 的恒星，都是在这场 20 亿年前的星暴中诞生的。这意味着，这场发生在 20 亿年前的星系并合事件，彻底重塑了整个仙女星系的面貌。

第四阶段，曲终。今天，M32 星系和仙女星系的并合过程已经宣告结束。被剥离了所有外层物质的 M32 星系，只剩下一个质量仅为太阳质量 30 亿倍的核心，从而彻底沦为本星系群中的小角色。至于仙女星系，则一跃成为本星系群中无可争议的霸主。

我们已经介绍了仙女星系历史上的最重要事件：20 亿年前，它吞并了本星系群的老三，也就是 M32 星系，从而一跃成为本星系群的霸主。

正所谓"一山不容二虎"。本星系群的老大，会放过本星系群的老二，也就是我们生活的银河系吗？

欲知详情，请听下回分解。

---

[1] 天文学中，除了氢和氦以外的所有元素，都叫重元素。

什么是本星系群的终极命运？

上节的结尾留下了这样一个问题：本星系群的老大（仙女星系）会放过本星系群的老二（银河系）吗？

答案是，不会。

为了讲清楚其中的道理，得先补充一点基础知识。换言之，得先为大家科普一个物理学现象，那就是著名的多普勒效应。

让我们从一个在日常生活中相当常见的场景说起。当你乘坐火车的时候，或许会注意到这样一个现象：当火车进站的时候，它发出的汽笛声会逐渐变得比较尖锐；而当火车出站的时候，它发出的汽笛声会逐渐变得比较低沉。这是为什么呢？

答案是，因为多普勒效应。图 1.24 就是多普勒效应的原理图。

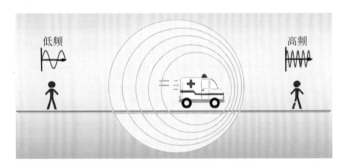

图 1.24 多普勒效应原理图

在 1842 年，奥地利物理学家克里斯丁·多普勒发现，运动物体所发出的任何一种波的波长，都会因为此物体与观测者的相对运动而发生变化。如果此物体正在靠近观测者，它发出的任何一种波的波长都会变小；如果此物体正在远离观测者，它发出的任何一种波的波长都会变大。这就是多普勒效应。

多普勒效应能解释火车汽笛声改变的问题。进站时，火车在靠近我们，所以它发出的声波波长会变小，而频率会变高，听起来就比较尖锐；出站时，火车在远离我们，所以它发出的声波波长会变大，而频率会变低，听起来就比较低沉。

在之前的银河系之旅中，我们已经讲过一个多普勒效应的妙用（图 1.25）。如果一颗太阳系外的遥远恒星，其周边没有自己的行星，那么就可以认为它相对于地球保持静止；这样，它发出的光的波长会一直不变。反过来，如果这颗恒星有自己的行星，那么它就会和自己的行星组成一对舞伴，开始跳不断转圈的舞蹈。当恒星靠近地球时，它发出的光的波长就会变小，即向蓝光的方向移动，称为蓝移；而当恒星远离地球时，它发出的光的波长就会变大，即向红光的方向移动，称为红移。这意味着，如果一颗遥远恒星发出的光，一直存在周期性的蓝移、红移交替的现象，那么就可以断定这颗恒星拥有一颗自己的行星。人类历史上发现的第一颗系外行星，就是用多普勒效应找到的。这个发现还获得了 2019 年的诺贝尔物理学奖。

接下来，我们要介绍多普勒效应的另一个妙用：它可以用来测量遥远星系的速度。

道理很简单。如果一个星系正在靠近地球，它发出的光就会发生蓝移；如果一个星系正在远离地球，它发出的光就会发生红移。更重要的是，这个星系靠近或远离地球的速度越快，它的光发生蓝移或红移的幅度就越大。这意味着，我们只要测出一个星系发生蓝移或红移的幅度大小（图 1.26），就可以确定这个星系靠近或远离我们的速度。

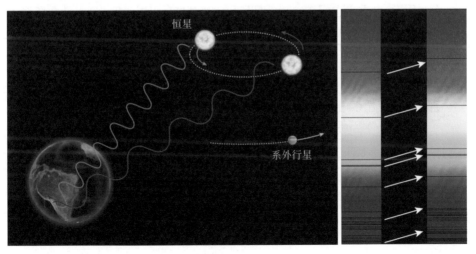

图 1.25　多普勒效应发现行星　　　　　图 1.26　星系光谱

现在我们已经知道，用多普勒效应可以确定遥远星系相对于地球的运动速度（即径向速度）。那接下来，就可以讲讲本星系群的终极命运了。

本星系群由引力主宰。因为银河系与仙女星系之间的引力远大于其他天体对它们施加的引力，所以只要搞清楚仙女星系相对于银河系的运动速度，就可以推断出两者未来的运动情况。

早在 20 世纪初，天文学家就发现仙女星系发出的光在发生蓝移。也就是说，仙女星系正在靠近我们。

20 世纪 80 年代，人们测出仙女星系正在以 110 千米 / 秒的速度，向银河系飞驰而来。这意味着，只要再过几十亿年，仙女星系就会与银河系相遇。

那么问题来了。如果把银河系和仙女星系比作两辆相向而行的汽车，那么它们走的是相同的高速公路，还是不同的高速公路？如果是不同的高速公路，两者相遇时就会擦肩而过、再无交集。而如果是相同的高速公路，两者相遇时就会迎面相撞、车毁人亡。

要想回答这个问题，关键要弄清仙女星系的横向速度相对于它的径向速度[①]，到底是大是小。如果仙女星系的横向速度与它的径向速度处于同一个量级，那么两者走的就是不同的高速公路；反过来，如果仙女星系的横向速度远小于它的径向速度，那么两者走的就是相同的高速公路。

到了 21 世纪，这个问题终于有了答案。

2012 年，一群美国天文学家利用著名的哈勃空间望远镜，测出仙女星系的横向速度为 17 千米 / 秒。也就是说，仙女星系的横向速度远小于它的径向速度。这意味着，仙女星系和银河系的确在同一条高速公路上。换言之，仙女星系与银河系几十亿年后的大碰撞，已经无可避免。

那么，仙女星系与银河系迎面相撞的时候，会发生什么呢？

为了回答这个问题，天文学家用计算机进行了大量的模拟。他们的研究结果可以用图 1.27 来描述。

---

① 径向速度就是仙女星系相对于银河系的速度，横向速度则是与径向速度垂直方向上的速度。

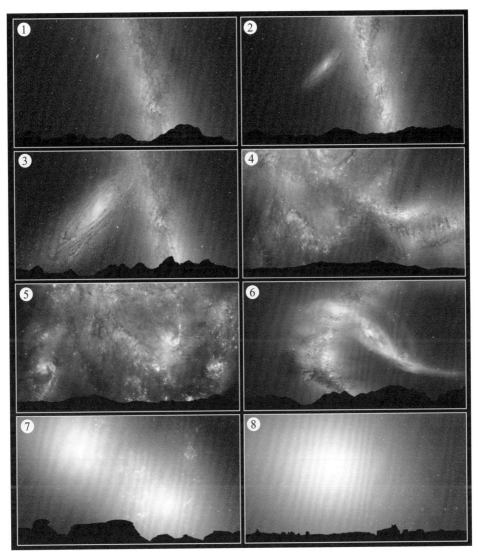

图 1.27　仙女星系与银河系相撞过程

图 1.27 由 8 幅小图拼合而成。这 8 幅小图按照时间的顺序，描绘了从地球上看到的仙女星系与银河系相撞的画面。

现在（图①），仙女星系只是一个远在天边的不起眼的小角色，看起来对我们毫无威胁。

但随着时间的推移（图②），仙女星系会离我们越来越近，它的块头也会越变越大，直到能和银河系一较长短。

40 亿~50 亿年后（图③），仙女星系首次与银河系发生接触，随即开启两个星系的并合过程。研究表明，这个并合过程会持续 10 亿~20 亿年。

在星系并合的初期（图④），两个星系将反复地互相穿越。由于星系内部非常空旷，所以不会发生恒星相撞的事件。但是在互相穿越的过程中，两个星系外围的大量物质都会被对方的潮汐力剥离，从而形成壮观的星流。这样一来，两个星系的漩涡结构就会土崩瓦解。

在星系并合的中期（图⑤），两星系中心的那两个超大质量黑洞会在引力的牵引下互相绕转，开始一场至死方休的舞蹈。两星系中的其他天体，也会跟这两个超大质量黑洞一起跳舞。与此同时，两星系都会出现异常壮观的"星暴"：大规模的新生恒星，会如同焰火一般点亮夜空。

在星系并合的末期（图⑥），那两个超大质量黑洞会越靠越近，最后撞到一起，合二为一。在两者并合的一刹那，会释放出非常强大的引力波。

至此，星系并合就进入了尾声（图⑦）。此时只有少量的星流，在向着新形成的星系中心汇聚。

最后，我们熟悉的银河系将彻底消失（图⑧）。只剩下一个巨大的椭圆形光斑，即银河仙女星系，在夜空中闪耀。而它也将成为本星系群唯一的主宰。

那么问题来了：仙女星系和银河系的原住民，也就是这两个星系中的诸多恒星，会遭遇怎样的命运呢？答案是，有 3 种可能的结局。

第一种结局，是在兵荒马乱的星系并合过程中，被位于银河仙女星系中心的超大质量黑洞吞噬。这是牺牲者的结局。

第二种结局，是平安地渡过危机四伏的星系并合阶段，然后成为银河仙女星系的新国民。这是幸运儿的结局。

第三种结局，是在星系并合过程中被引力一脚踢飞，然后以很高的速度在几乎空无一物的星际空间中流浪。这是孤魂野鬼的结局。

那么，太阳系会遭遇怎样的结局呢？可以肯定的是，它不会成为牺牲者。这是因为太阳系处于银河系郊区，离银心黑洞足够远的缘故。基于计算机的模拟结果，人们发现太阳系有 90% 的概率成为幸运儿，也有 10% 的概率变成孤魂野鬼。

　　我们已经讲完了本星系群的终极命运。再过 50 亿~70 亿年，本星系群中的两大中心城区（仙女星系和银河系）将合二为一，成为本星系群唯一的主宰，即银河仙女星系。然后，它还会继续城市化的进程，吞噬周围残存的矮星系。

　　到那时，我们人类，会在哪里？

02

室女座超星系团

我们所居住的"省"，是拥有 100 多个"城市"的室女座超星系团，其直径约为 1.1 亿光年，总质量约为太阳质量的 1.5×10^{15} 倍。室女座超星系团的主体结构有点像一个椭圆形的盘子（图 2.1），超过 2/3 的星系都分布在这个盘子上。此外，还有 1/3 的星系散布在一个更大的球形区域内。

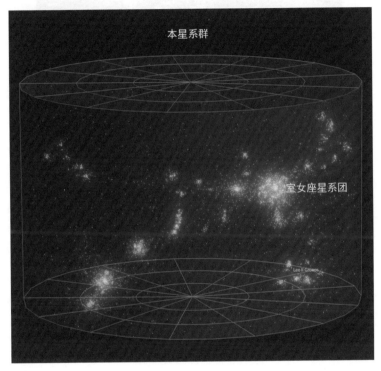

图 2.1　室女座超星系团

　　值得一提的是，这个"省"内绝大多数的"城市"，都是和本星系群一样的"小城市"。换言之，它们都是由区区几十个星系所构成的星系群。其中最大的"城市"，是与我们相距 6000 多万光年、拥有大概 2000 个星系的室女座星系团（图 2.2）。这也让它成为我们住的这个"省"的"省会城市"。

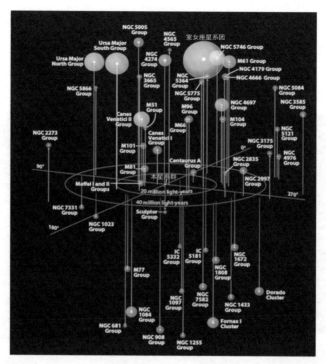

图 2.2　室女座星系团

由于篇幅有限，接下来，我们只游览这个"省"最有名的景点。

2.1 天上的星系有哪些类型?

正如"小城市"本星系群,"省会城市"室女座星系团也有自己的中心城区。图 2.3 展示了室女座星系团中块头最大的 160 个星系。综合考虑位置和大小的因素后,可以看出室女座星系团共有 4 个中心城区,分别是 M87、M86、M89 和 M49 星系。

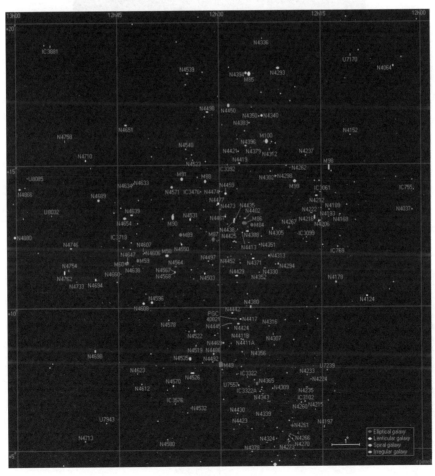

图 2.3 室女座星系团中块头最大的 160 个星系

需要强调的是，室女座星系团的这 4 个中心城区，与本星系群的那两个中心城区（即银河系和仙女星系）的形状截然不同。银河系和仙女星系都形如风车，存在着好几条物质高度聚集的旋臂，一直绕星系中心自转。而在 M87、M86 和 M84 星系中，根本不存在任何旋臂，恒星只做少许不规则的运动，且整体呈现出椭圆的形状。

之所以会有这样的差异，是因为它们属于不同的星系类型。银河系和仙女星系属于螺旋星系，而 M87、M86 和 M84 则属于椭圆星系（图 2.4）。

图 2.4　椭圆星系

图 2.5　埃德温·哈勃

现在问题来了：天上的星系都有哪些类型？人类如何知道此事？

星系类型的背后隐藏着星系演化的历史。这无疑是飞向宇宙尽头之旅的主线。那么接下来，就给大家讲讲人类探究星系类型的历史。

这段历史得从一个大人物的故事说起。此人就是美国大天文学家埃德温·哈勃（图 2.5）。

哈勃早在之前的银河系之旅中就已经登场了。不过，当时并没有详细地介绍他。所以，接下来就先讲讲他的故事。

少年时代的哈勃，是一个不折不扣的明星运动员。作为一个身高 1.9 米的大个子，他曾在一次市级的高中生运动会上，一口气拿到了 7 个冠军。靠着运动特长，他被保送到了芝加哥大学。随后，他又作为芝加哥大学篮球队的队员，两次获得全美大学生篮球联赛的冠军。

毕业前夕，他拿到了罗德奖学金，从而得到了前往英国牛津大学攻读法学硕士学位的机会。而 3 年的牛津大学生活，把他变成了一个喜欢穿短裤、批斗篷、叼烟斗的英伦范儿青年。

但在哈勃回国前夕，他的父亲因病去世，让整个家族的经济状况急转直下。回国后的哈勃并未当上律师，因为他没能通过美国的司法考试。为了生活，他只好跑到一所高中任教，主讲数学和物理。此外，他还担任校篮球队教练，并且率队获得了肯塔基州中学生篮球比赛的第 3 名。这充分说明，体育老师也能教数学。

但与此同时，哈勃也感到愈发苦闷。当一个普普通通的中学教师，与他的人生理想相距甚远。幸好在一年后，即 1914 年，哈勃遇到了他生命中的贵人，此人就是芝加哥大学叶凯士天文台台长埃德温·弗罗斯特。对这个年轻人的遭遇感到同情的弗罗斯特，决定给哈勃提供一个在叶凯士天文台攻读博士学位的机会。弗罗斯特当时恐怕做梦也想不到，他的这个决定，竟然改变了天文学的历史走向。

3 年后，哈勃顺利拿到天文学博士学位。随后，他自愿前往美国陆军服兵役。在那里，他成了一名神枪手，并在入伍 14 个月后晋升为陆军少校。1918 年 9 月，哈勃所在的军队被派往第一次世界大战的欧洲战场。不过，他并没有立下任何战功。

1919 年 8 月，退伍后的哈勃回到美国，成了威尔逊山天文台的一名研究员。

但是刚到威尔逊山天文台的时候，哈勃的日子并不好过。因为在那里，他遇到了自己一生的宿敌。此人就是我们的老熟人、美国著名天文学家哈罗·沙普利（图 2.6）。

图 2.6　哈罗·沙普利

我们在之前的银河系之旅中讲过，沙普利的早年经历非常坎坷。由于家境贫寒，他 15 岁就辍了学。被社会捶打了几年之后，他重返校园，并最终成为普林斯顿大学的天文学博士。1914 年，他加入了威尔逊山天文台。没过多久，他就因为发现太阳并不是银河系中心而名动天下 [1]。

农家子弟出身的沙普利，从一开始就看不惯总是一身英伦范儿、却没做出什么成绩的哈勃。由于那时的沙普利在天文学界已是如日中天，资历尚浅的哈勃受到了不少排挤。举个例子。当时他没能得到 2.5 米的胡克望远镜的使用权，只能用 1.5 米的海尔望远镜进行天文观测。

但两年后，哈勃的职业生涯就迎来了重大转机。刚刚经历"世纪大辩论"的沙普利离开了威尔逊山天文台，成为哈佛大学天文台的新任台长。这样一来，原本属于沙普利的胡克望远镜的观测时间，就成了哈勃的囊中之物。

坐拥当时全世界最大、最先进的光学望远镜（也就是胡克望远镜），哈勃终于要迎来属于自己的时代。

1923 年，哈勃利用胡克望远镜，在仙女星云中找到了两颗造父变星，进而测出仙女星云与我们相距至少 100 万光年。这说明，仙女星云一定位于银河系之外。这个发现彻底终结了"银河系是不是整个宇宙"的世纪大辩论。从那以后，人类达成共识，我们生活的银河系，仅仅是浩瀚大海中的一座小小的孤岛。在这座小岛之外还有许许多多其他的岛屿，这些岛屿就是所谓的星系。

由于这个划时代的发现，后人把哈勃称为星系天文学之父。

发现了宇宙中遍布星系以后，哈勃就开始思考本节一开始提出的那个问题：天上的星系都有哪些类型？

经过了几年的探索，哈勃在 1926 年发表的一篇论文中，给出了自己的星系分类标准 [2]，那就是著名的哈勃音叉图（图 2.7）。

我们来看图说话。

第一类星系是位于此图左边的椭圆星系（用英文字母 E 代表）。椭圆星系的形状像一个橄榄球，中间亮边缘暗，并且没有明显的自转。此外，按照椭圆星系

---

[1] 对沙普利生平感兴趣的读者，可以参阅我之前写的《宇宙奥德赛：穿越银河系》一书的 11.1 节。

[2] 终其一生，哈勃一直痛恨星系这种说法，而坚持要叫星云。但为了保持上下文的一致性，本文还是采用星系的说法。

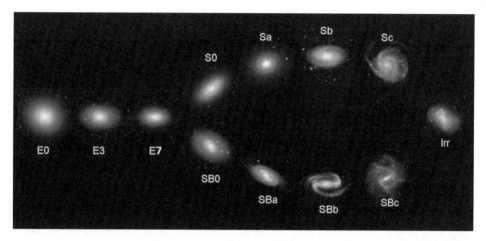

图 2.7　哈勃音叉图

外观偏离圆球的程度，哈勃把椭圆星系又细分成 8 个子类，编号从 E0 到 E7。其中最圆的椭圆星系对应 E0，而最扁的椭圆星系对应 E7。

　　第二类星系是位于此图右上角的漩涡星系（用英文字母 S 代表）。漩涡星系的核心特征是存在多条旋臂，也就是恒星比较密集的空间区域。这些旋臂像风车一样，在一个平面上绕着星系中心旋转。而在星系中心，存在着一个恒星高度密集的球形区域。此外，根据旋臂缠绕的紧密程度，可以把漩涡星系再细分成三个子类，编号 Sa、Sb、Sc。其中缠绕最紧的漩涡星系对应 Sa，而缠绕最松的漩涡星系对应 Sc。

　　第三类星系是位于此图右下角的棒旋星系（用英文字母 SB 代表）。与漩涡星系相同，棒旋星系也有多条旋臂，像风车一样在一个平面上绕着星系中心旋转。与漩涡星系不同的是，棒旋星系中心并非球形，而是一个"棒"状的结构。同样地，根据旋臂缠绕的紧密程度，可以把棒旋星系再细分成 3 个子类，编号 SBa、SBb、SBc。其中缠绕最紧的棒旋星系对应 SBa，而缠绕最松的棒旋星系对应 SBc。

　　由于漩涡星系和棒旋星系的结构非常相似，后人又把这两种星系统称为螺旋星系。

　　最后，还剩下一类非常诡异的星系。这类星系的诡异之处在于，其形状千奇百怪，完全不具备对称性。一部分星系甚至发生了严重的扭曲变形。哈勃把这类星系称为不规则星系（用英文字母 Irr 代表）。

最开始的时候，这张对星系进行分类的哈勃音叉图受到了一定的质疑（最主要的质疑者，是哈勃一生最大的宿敌沙普利）。但随后，一个大人物的研究工作支持了哈勃的星系分类标准。此人就是英国天文学家詹姆斯·金斯（图 2.8）。

金斯认为，椭圆星系是处于形成过程中的螺旋星系。在星系形成之初，大量的气体呈球形分布，从而呈现出 E0 的形状。随着时间的推移，这些气体逐渐落入星系中心的平面，让整个星系变得越来越扁；相应地，星系的形状也从 E0 向 E7 的方向演化。然后，星系就从椭圆星系过渡到螺旋星系；在此过程中星系演化出现了分叉，出现了漩涡星系和棒旋星系。在螺旋星系形成之初，星系中的旋臂紧紧缠绕星系中心，因而呈现出 Sa 或 SBa 的形状。此后，旋臂逐渐展开，变成 Sc 或 SBc 的形状。最后，星系结构逐渐溃散，变成不规则星系，即 Irr。

这样一来，哈勃音叉图立刻大放异彩：它不但能区分星系的种类，还能描述星系的一生。星系将从左到右按照哈勃音叉图演化。椭圆星系是星系的少年时代，螺旋星系是星系的中年时代，而不规则星系则是星系的老年时代。

在金斯的大力支持下，哈勃音叉图和与之相应的星系演化理论，很快就成为天文学界的主流。

但是，这个看似非常漂亮而简洁的星系演化理论，后来却被哈勃的一位同事打了脸。此人在之前的银河系之旅中与我们有过一面之缘，他就是美籍德裔天文学家沃尔特·巴德（图 2.9）。

图 2.8　詹姆斯·金斯　　　图 2.9　沃尔特·巴德

我们之前讲过，早在 20 世纪 30 年代初，在威尔逊山天文台工作的巴德就与备受争议的兹威基一起，首次提出超新星和中子星的概念。但由于远远超越时代，这个里程碑式的工作，很快就被世人遗忘了。

又过了几年，发生了一件影响全人类命运的大事，那就是第二次世界大战的爆发。

"二战"的爆发，让巴德的日子变得艰难起来。这是因为"二战"期间的美国当局，把所有的德国侨民都视为了潜在的德国间谍。所以，尽管是一个公认的好好先生，巴德依然难逃饱受猜忌和排挤的命运。

但是塞翁失马，焉知非福。珍珠港事件爆发后，美国军方开始大规模地征召科学家入伍。由于得不到美国当局的信任，作为德国侨民的巴德就没有受到征召，而是独自留守在人去楼空的威尔逊山天文台。这样一来，他反而因祸得福，得到了胡克望远镜的大量观测时间。

正是基于"二战"期间积累的大量观测数据，巴德在 1944 年提出了一个全新的天文学概念：星族。

巴德认为，除了我们在之前的银河系之旅中重点讲的赫罗图以外[①]，还有一种对恒星进行分类的标准，那就是星族。

在巴德看来，所有的恒星都可以分为两大星族：第一星族和第二星族。

第一星族恒星最核心的特点是，它们全都富含重元素（除氢和氦以外的所有元素）。我们在之前的银河系之旅中讲过，这些重元素都源于恒星的死亡过程（例如超新星爆发和双致密星并合）。

这意味着，第一星族恒星肯定形成得比较晚；或者说，第一星族恒星全都比较年轻。举个例子，我们的太阳就是第一星族恒星。

而第二星族恒星最核心的特点是，它们几乎不含重元素。换言之，第二星族恒星全都比较年老。

知道了星族的概念以后，我们就可以讲讲为什么哈勃和金斯会被打脸了。

巴德发现，绝大多数的椭圆星系，其主体成分是第二星族恒星；而绝大多数的螺旋星系，其主体成分是第一星族恒星。

这意味着，哈勃认为处于星系少年时代的椭圆星系，其真实年龄更大，而哈

---

① 对赫罗图感兴趣的读者，可以参阅我之前写的《宇宙奥德赛：穿越银河系》一书的 2.1 节。

勃认为处于星系中年时代的螺旋星系，其真实年龄更小。

这样，哈勃和金斯力推的这个基于哈勃音叉图的星系演化理论，自然就错到爪洼岛去了。

现在天文学界普遍相信，螺旋星系处于星系的少年时代，而椭圆星系处于星系的老年时代。促成螺旋星系向椭圆星系演化的最核心的力量，就是星系的碰撞和并合。

举个例子。我们在 1.5 节中讲过，同为螺旋星系的银河系和仙女星系，一定会在 40 亿~50 亿年后相遇，最终并合产生一个全新的椭圆星系，即银河仙女星系。

那么，不规则星系又是什么东西？答案是星系并合的中间产物。

有一种不规则星系起源于大星系对小星系的掠夺。当小星系过于靠近大星系的时候，小星系的外围物质就会被大星系的潮汐力剥离。这样一来，小星系的形状就会受到整体的扭曲。最典型的例子，就是我们之前游览过的大、小麦哲伦云。

还有一种不规则星系是两星系并合的中间产物。正如我们在 1.5 节中讲过的，在并合的初期，它们将反复地互相穿越；而在互相穿越的过程中，两个星系外围的大量物质都会被对方的潮汐力剥离。这样一来，这两个星系原本的结构就土崩瓦解了。此时对于一个远处的观测者而言，这两个星系已经融为一体；但是由于并合过程还没有完成，此时的并合星系就会变得千奇百怪、毫无规律可言。图 2.10 就展示了一个名为 ESO 77-14 的不规则星系。

我们已经介绍了，天上的星系主要可以分为 3 类，即螺旋星系、椭圆星系和不规则星系 [①]。可以认为，螺旋星系处于星系的少年时代，椭圆星系处于星系的老年时代，而不规则星系则是星系并合的中间产物。

接下来，我们将深入室女座超星系团这个省的"省会"，也就是室女座星系团。

---

① 后来还发现了一种形状介于螺旋星系和椭圆星系之间的星系，即透镜星系。

图 2.10　ESO 77-14 不规则星系

2.2 M87 星系为什么会有宛如宇宙探照灯的星际喷流？

上节说过，室女座星系团这个省会城市，总共有 4 个中心城区，分别是 M87、M86、M89 和 M49 星系。其中名气最大的，无疑是 M87 星系（图 2.11）。

图 2.11　M87 星系

M87 星系有名到什么地步呢？答案是，就连很多科幻作品都把它设为了故事的背景。举个例子。在韩剧《来自星星的你》中，男主角的设定是一个 400 年前到达地球的外星人，他来自一颗名叫 KMT184.05 的行星，而这颗行星就位于 M87 星系内部。此外，2006 年上映的英剧《神秘博士第二季》，也把故事的背景设在了 M87 星系的一个新地球上。

接下来，我们就好好地参观一下 M87 星系。

M87 星系是一个非常巨大的椭圆星系，其中包含几万亿颗恒星和 1.5 万个球状星团。作为对比，我们居住的银河系只包含 4000 亿颗恒星和 150 个球状星团。

这就是"省会城市中心城区"和"小城市中心城区"的区别。

需要强调的是，M87 星系还有一个非常有名的特征：它拥有一条极为壮观、宛如宇宙探照灯的星际喷流（图 2.12）。

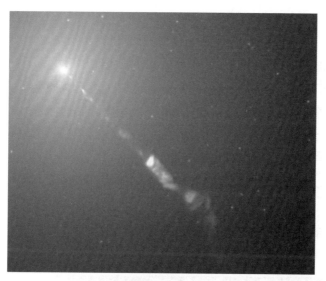

图 2.12　M87 星系的星际喷流

最早发现 M87 星系有一条星际喷流的人，在之前的银河系之旅中已经露过面了。此人就是曾与沙普利展开世纪大辩论的美国天文学家赫伯·柯蒂斯（图 2.13）。

1918 年，当时还在利克天文台工作的柯蒂斯，发现从 M87 星系延伸出了"一条奇怪的直线"。他还注意到，"这条由物质组成的细线明显与星系核相连"。这就是 M87 星系的星际喷流。

后来人们对 M87 星系的星际喷流进行了持续的观测。观测结果表明，这条星际喷流的长度至少能达到 5000 光年。此外，这条星际喷流还有两大特征：①高速。观测结果表明，它的速度已经接近于光速。换言之，它只用 1 秒就可以绕地球赤道飞7 圈半。②准直性。简单地说，就是它走的轨迹特

图 2.13　赫伯·柯蒂斯

别直，几乎不会向这条直线之外扩散。

那么问题来了，M87 星系为什么会有一条宛如宇宙探照灯的星际喷流呢？

经过几十年的努力，天文学家们终于揭开了 M87 星系的星际喷流的神秘面纱。

接下来，我们就科普一下产生这条星际喷流的核心物理机制。

要想产生这条喷流，总共有 3 个必不可少的条件。

第一个条件是，在 M87 星系的中心，必须有一个超大质量黑洞。

这个条件是很容易满足的。现在人们普遍相信，宇宙中每个星系的中心，都会有一个超大质量黑洞[1]。我们在之前的银河系之旅中讲过，银河系中心有一个质量能达到太阳的 430 万倍的超大质量黑洞，叫人马座 A*[2]。此外，天文观测也表明，在 M87 星系的中心，存在一个质量能达到太阳的 65 亿倍的超大质量黑洞，叫作 M87*[3]。

第二个条件是，M87* 必须于近期捕获大量的物质，进而产生一个吸积盘（图 2.14）。

图 2.14 黑洞的吸积盘

---

① 最早发现此事的是英国天文学家林登贝尔。3.1 节将详细介绍林登贝尔的发现。

② 人马座 A* 的发现获得了 2020 年的诺贝尔物理学奖。

③ 在 2.2 节中将详细地介绍 M87*。

天文观测表明，绝大多数星系中心的超大质量黑洞（例如银河系中心的人马座 A*）目前都处于"平静期"。这是因为，超大质量黑洞周围的物质早已被它吞噬殆尽；一旦没有东西可吃，这个庞然大物就只好被迫"冬眠"了。不过，一旦有恒星或者气体从超大质量黑洞的周围路过，就会把这个冬眠的怪物唤醒。超大质量黑洞可以借由吞噬路过的物质，重新进入"活动期"，变成所谓的"活动星系核"。这些落入超大质量黑洞魔掌的物质并不会直接掉进黑洞，而是逐渐汇聚到一个非常扁平、宛如海底漩涡的大圆盘上，再一边旋转一边落向中心黑洞。这个环绕在黑洞周围、宛如海底漩涡的大圆盘，就是黑洞的吸积盘。最终，黑洞会吞掉整个吸积盘，然后重新开始"冬眠"。所以，要想满足第二个条件，M87* 就必须于近期捕获大量的物质。

第三个条件是，M87* 的吸积盘必须处于很强的磁场中。

这个条件也不难满足。目前的天文观测表明，磁场在宇宙中可谓无处不在；只不过在通常情况下，宇宙磁场的强度相当弱。但吸积盘可以显著地放大这个宇宙磁场的强度。这是因为，微弱磁场的存在能让吸积盘变得不稳定，从而在吸积盘上产生湍流（类似于江河湖海中的乱流）。反过来，吸积盘上的湍流又能放大磁场的强度。这个过程有点类似于地球上的发电机。发电机的工作原理是，先用微弱的电流产生磁场，然后再用磁场把某种能量（例如水的重力势能或者煤炭的化学能）转化成强大的电流，从而实现电流的放大。同样地，吸积盘上微弱的"种子"磁场，也可以借由先变为电场、再变回磁场的方式，实现强度的急剧增大。这样一来，吸积盘上就会有很强的磁场。

好了，三大必要条件，即黑洞、吸积盘和磁场，都已在 M87* 的区域汇聚。接下来，就可以讲讲那条宛如宇宙探照灯的星际喷流到底是怎么回事了。

能产生星际喷流的物理机制有两种。这两种机制最大的区别是，产生喷流的能量来源不同。

第一种机制叫作布兰德福德－兹纳耶克（Blandford-Znajek）机制。其核心观点是，喷流的能量源于黑洞自身的转动能量。利用磁场，可以把黑洞的转动能量提取出来，进而为很靠近黑洞边缘的电子加速；这样一来，获得了足够高能量的电子，就可以挣脱黑洞引力的束缚，朝着黑洞自转的方向喷射，从而形成喷流。

第二种机制叫作布兰德福德 – 佩恩（Blandford-Payne）机制。其核心观点是，喷流的能量源于吸积盘的转动能量。利用磁场，能把吸积盘的转动能量提取出来，进而为很靠近黑洞边缘的重子物质（包括质子和中子）加速。这样一来，这些重子物质也能朝黑洞自转的方向喷射，从而形成喷流。

　　至于到底是哪种机制占主导地位，目前还有不小的争议。

　　我们已经游览了我们住的这个"省"最著名的奇观之一：M87 星系的巨大星际喷流。它也是宇宙中离地球最近的超大型喷流。接下来，我们将进一步深入M87 星系的中心地带，去探访宇宙中最有名的黑洞之一，即 M87*。

2.3 人类历史上首张黑洞照片的真面目是什么?

上一节,我们游览了 M87 星系的那条延绵 5000 光年、宛如宇宙探照灯的巨大喷流。自从 1918 年被柯蒂斯发现以来,在长达 100 年的时间里,它一直是 M87 星系最有名的景点。但到了 2019 年,一切都发生了改变。

2019 年 4 月 10 日,多 国 合 作的 事 件 视 界 望 远 镜(event horizon telescope,EHT)项目组,在 6 个城市(华盛顿、布鲁塞尔、圣地亚哥、东京、上海、台北)同时召开了一场声势浩大的新闻发布会。在这场新闻发布会上,他们公布了一张宛如《魔戒》中"索隆之眼"的照片(图 2.15)。

这张照片轰动了全世界。因为它是人类历史上拍到的第一张黑洞照片。

而这张照片[①]呈现的,正是我们目前正在游览的超大质量黑洞 M87* 的景象。

图 2.15 M87* 照片

到目前为止,人类总共拍到过两个黑洞的照片。其中一个是 M87*,另一个是位于银河系中心的人马座 A*。而这两个黑洞,就是我们在地球上所能看到的"最大"的黑洞。

这里的"最大",是指角直径最大(角直径的定义见图 1.15)。在全宇宙所有

---

① 这张 M87* 的照片,其实在之前的银河系之旅中已经做过科普。之所以在银河系之旅中讲非银河系天体,是因为当时人们尚未"冲洗"出银心黑洞的照片。2022 年 5 月 12 日,天文学家公布了银心黑洞人马座 A* 的照片,这就让银河系之旅中的那篇科普文章显得有些不伦不类。所以在这场河外星系之旅中,我们还是再讲一次 M87* 的照片。等将来《宇宙奥德赛:穿越银河系》一书再版时,会对原来的那篇文章进行修订。

的黑洞中，M87* 和人马座 A* 的角直径是最大的，能够达到几十微角秒。

　　什么是微角秒？这是一个日常生活中完全用不到的衡量角度大小的单位。简单地说，1 度是一个直角的 1/90，1 角秒是 1 度的 1/3600，而 1 微角秒是 1 角秒的 100 万分之一。所以你不难想象，要想观测一个角直径只有几十微角秒的天体，是一件多么困难的事情。其难度大概相当于从地球上看一个放在月球表面的玻璃珠。

　　那么问题来了：既然 M87* 和人马座 A* 的角直径如此之小，人类为什么还能拍到它们的照片呢？

　　要想回答这个问题，得从一项至关重要的天文观测技术说起，那就是甚长基线干涉技术（图 2.16）。

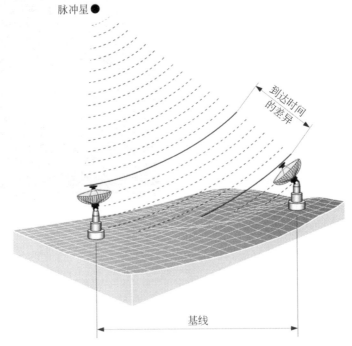

图 2.16　甚长基线干涉技术

　　甚长基线干涉技术的关键在于，用分散在世界各地的多台小射电望远镜，在同一时刻观测由同一个天体发出的无线电波信号。把所有观测数据拿到同一个数据中心进行处理后，最终的观测效果，等同于把所有的小射电望远镜组合成了一个大的射电望远镜。而这个大射电望远镜的有效口径，就等于离得最远的两台小射电望远镜的间距。这意味着，一些口径只有几十米的小射电望远镜，可以用甚长基线干涉技术组合成一个口径能达到几百上千千米的大射电望远镜。这样一来，射电望远镜的探测能力就大大增加了。

为了尽可能地扩大射电望远镜的有效口径，EHT 项目组做了一件让人瞠目结舌的事情。他们对位于全球各地的 8 台射电望远镜进行了联网（图 2.17），从而弄出了一个有效口径和地球直径一样大的巨型射电望远镜。而这个和地球一样大的巨型射电望远镜，就是 EHT。

EHT 的角分辨率（能探测到的最小角直径）大概是 25 微角秒。这个数字已经小于 M87* 和人马座 A* 的角直径，所以 ETH 才可以拍到这两个黑洞的照片。

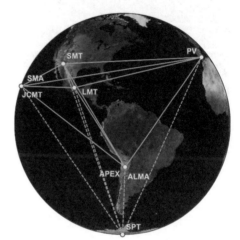

图 2.17　全球 8 台射电望远镜联网

除 M87* 和人马座 A* 以外的所有黑洞，其角直径都远远小于 EHT 的角分辨率。因此，EHT 就无法拍到其他黑洞的照片。

2017 年 4 月 5 日、6 日、10 日和 11 日的晚上，EHT 对 M87* 和人马座 A* 进行了持续的观测，从而获得了关于这两个黑洞的海量观测数据。这些数据海量到什么地步呢？答案是根本无法通过网络传输，所以，只好先把数据全都装进硬盘①，然后由 EHT 项目组成员自己坐飞机，把硬盘带到 EHT 的两个数据中心去分析和处理。

关于 M87* 的数据处理工作持续了整整两年②。两年后，EHT 项目组在《天体物理学杂志》上一口气发表了 6 篇论文。在最重要的第一篇论文中，他们公布了下面的图片（图 2.18）。

这张图片表明，2017 年 4 月 5 日、6 日、10 日和 11 日这 4 天的晚上，

———————

① 所有的硬盘加起来重达半吨。

② 关于人马座 A* 的数据处理工作持续了整整 5 年。

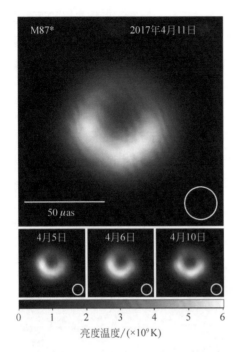

图 2.18　4 张几乎一模一样的 M87* 照片

EHT 拍到了 4 张几乎一模一样的 M87* 的照片。这就确凿无疑地证明了，EHT 项目组的确拍到了人类历史上的首张黑洞照片。

说到这里，可能你会有这样的疑问："不是说黑洞是一个连光都逃不出去的恐怖监狱吗？那为什么能拍到黑洞的照片呢？"

答案是，这张照片拍的并不是黑洞本身，而是黑洞周围的"光球"。

"光球"的概念比较复杂，且听我慢慢道来。

首先要科普的是，"光球"的光从哪里来。答案是，来自黑洞周围的吸积盘。

上一节，我们已经讲过，要想产生绵延 5000 光年的星际喷流，在中心黑洞周围就必须有一个扁平的、宛如海底漩涡的吸积盘。

黑洞的吸积盘会以极高的速度绕着黑洞旋转。在此过程中，吸积盘上的气体会被加热到几百万摄氏度。这样一来，这些气体会发出大量的电磁波，其中就包括能被 EHT 探测到的无线电波。

这些吸积盘气体发出的光，会到哪里去呢？答案是，一部分跑到了远处，而另一部分汇聚到了黑洞周围的光子稳定轨道。

什么是光子稳定轨道？让我从大家比较熟悉的太阳系说起。

太阳系有八大行星，而每个行星都在一个稳定的轨道上绕着太阳公转。这些行星稳定轨道有一个最重要的特征：轨道半径越小，行星运动速度就越快。这意味着，如果行星的运动速度增大了，其相应的稳定轨道半径就必须减小。

现在让我们做一个简单的思想实验。想象黑洞周围有一个物体，其运动速度在不断地增加。这样一来，它的稳定轨道半径就必须不断减小。最终，这个物体的速度会达到一个上限，那就是宇宙中速度最快的光速。此时，这个物体就会稳定在一个半径极小的稳定轨道。而这个半径极小、让达到光速的物体也能达到稳定的轨道，就是所谓的光子稳定轨道。

根据理论计算，黑洞的光子稳定轨道应该在黑洞的事件视界之外。你可以把黑洞的事件视界想象成黑洞监狱的建筑物外墙，而把黑洞的光子稳定轨道想象成黑洞监狱的操场围墙。进了监狱的建筑物外墙，就再也不可能离开；进了监狱的操场围墙，则还有离开的可能。对于最简单的史瓦西黑洞而言[①]，光子稳定轨道的半径约为事件视界半径（即史瓦西半径）的 1.5 倍（图 2.19）。

知道了光子稳定轨道的概念以后，我们就可以来讲讲 EHT 项目组拍摄到的首张黑洞照片了。

在黑洞周围有一个非常特殊的球面，其半径就是光子稳定轨道的半径。这个特殊的球面就是所谓的"光球"（图 2.20）。在这个光球上，黑洞吸积盘发出的光可以周而复始地绕着黑洞旋转。因为所有的光都汇聚到了这个"光球"上，"光球"就变成了黑洞周围最亮的东西。所以首张黑洞照片所拍的，就是 M87* 黑洞周围的这个"光球"。

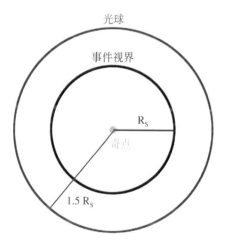

图 2.19　光子稳定轨道半径

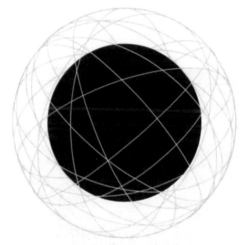

图 2.20　黑洞的"光球"

可能有些读者会提出这样的疑问："既然拍的是 M87* 周围的光球，那照片上

[①]　对于更多黑洞细节感兴趣的读者，可以参阅我之前写的《宇宙奥德赛：穿越银河系》一书的 7.2 节。

为什么只显示了一个中间有大片黑暗区域的光环？"

　　原因是，提出这个疑问的读者，把黑洞周围的光球和我们熟悉的光球（例如太阳）混淆在了一起。

　　就以太阳为例。太阳发出的光，会呈球形向外扩散。这样一来，太阳朝向我们的那一面发出的光，全都可以跑到地球上。因此，我们在地球上看到的太阳，就是一个完整的圆。

　　但黑洞周围的光球就截然不同了。由于黑洞引力的束缚，光一直被限制在光球表面运动，就像地球人一直在地球表面运动一样。

　　当然，光也有可能离开光球，从而彻底地逃离黑洞。但是在黑洞引力的束缚之下，光离开光球时的速度方向，一定是沿着光球的切线方向。这就像是旋转雨伞时甩出的水滴，一定会沿着雨伞的切线方向。

　　为了描述的方便，我们不妨假设地球正好位于 M87* 黑洞光球的南极方向。那么从此光球的哪些区域逃出来的光，最后能达到地球？

　　答案是，只有从这个光球赤道上逃出来的光才可以。因此，我们在地球上看到的，就只能是这个赤道上的光环了。

　　M87* 黑洞周围的光球赤道上的光环，这就是人类历史上首张黑洞照片的真相。

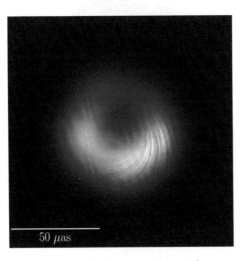

50 μas

图 2.21　新的 M87* 黑洞照片

　　顺便说一句。2021 年 3 月 25 日，EHT 项目组又公布了一张新的 M87* 黑洞的照片（图 2.21）。这张照片清晰地展示了黑洞周边磁场的影响。

　　我们已经讲完了 EHT 项目组能拍到人类历史上首张黑洞照片的原因，以及这张照片拍的到底是什么。由于这张照片，黑洞一跃成为天文学目前最大的热点之一。2020 年的诺贝尔物理学奖就授予了黑洞研究领域的三位大牛，包括提出奇点定理的罗杰·彭罗斯，以及发现银河系中心黑洞的莱因哈德·根泽尔和安德烈娅·盖兹（图2.22）。

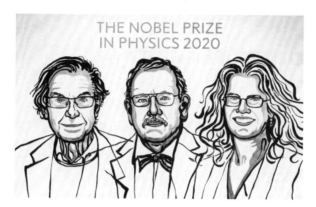

图 2.22　罗杰·彭罗斯、莱因哈德·根泽尔和安德烈娅·盖兹（从左至右）

　　在此预言，有朝一日，我们会看到拍摄首张黑洞照片的工作戴上诺贝尔奖的桂冠。

2.4 人类如何了解星系的碰撞和并合？

我们已经游览了室女座星系团这个省会城市中最核心的主城区，即 M87 星系。M87 星系拥有几万亿颗恒星、15 000 个球状星团，以及一个质量能达到太阳质量的 65 亿倍的中心黑洞，M87*。

那么，M87 星系为什么会变成这样一个庞然大物？答案是，源于星系的碰撞和并合。

之前，我已经讲过银河系与仙女星系的碰撞和并合。接下来，我要讲讲人类了解星系碰撞和并合的历史。

对于星系碰撞和并合的第一次观测，可以追溯到 1845 年。当时，人类还完全没有星系的概念[①]。

那一年，一个爱尔兰贵族，罗西伯爵三世威廉·帕森思（图 2.23），用自己家的望远镜仔细观测了 M51 星云[②]，并且画了一张描绘此星云结构的手绘图（图 2.24）。

图 2.23 威廉·帕森思

图 2.24 M51 星云结构手绘图

---

① 星系的概念，要再过 80 年才能建立起来。
② M51 代表梅西耶星表中的第 51 号天体。

这张手绘图不但准确地画出了 M51 星云的漩涡结构,更重要的是,它还非常清晰地展现出,M51 星云的一条旋臂与其右边的伴星云相连。这张 170 多年前画的手绘图,与今天哈勃空间望远镜拍摄的 M51 星系的照片(图 2.25),可谓如出一辙。

图 2.25　哈勃空间望远镜拍摄的 M51 星系照片

此后随着天文观测技术的不断改进,人们拍到了越来越多的类似 M51 星云的照片。直到 20 世纪 20 年代,哈勃证明了"宇宙岛"理论[①],天文学家们才意识到,这类照片反映的是处于碰撞和并合过程中的星系。

但是,两个星系碰撞和并合过程中到底发生了什么?天文学家就一筹莫展了。

这个问题为什么如此之难呢?先简单地科普一下。

星系的世界,是一个由牛顿力学统治的世界。牛顿力学主要研究在引力的作用下物体该如何运动的问题。

而在牛顿力学中,最简单的莫过于两体问题,也就是两个物体在自身引力作

---

① 　"宇宙岛"理论说的是,宇宙是一片浩瀚的大海,而大海上漂浮着大量的岛屿,即星系。

用下如何运动的问题。两体问题很简单，早就得到了彻底的解决。

但是随着物体数量的增加，问题的难度会急剧地增大。举个例子，三体问题（3 个物体在自身引力作用下的运动问题）就非常复杂难解。我们在之前的太阳系之旅中讲过，三体问题存在着大量的数值敏感区，因而可以导致混沌效应。[①] 所以直到今天，三体问题依然是一个出了名的数学难题。

至于星系的碰撞和并合，那就不是三体问题，而是 N 体问题了。原因很简单，即使是最小的矮星系，也有几百亿颗恒星。要想搞清楚由大量恒星构成的两个星系并合时的运动情况，其计算量会达到让人毛骨悚然的程度。所以，在没有计算机的情况下，研究两星系的碰撞和并合几乎是一件不可能完成的任务。

请注意这里的关键词：几乎。为什么说"几乎"呢？因为有一个奇人，靠着自己设计的一个非常神奇的实验，硬是在完全没有计算机的情况下，成功模拟出了两个星系发生碰撞和并合的景象。此人就是瑞典天文学家埃里克·霍姆伯格（图 2.26）。

图 2.26　埃里克·霍姆伯格

那么，霍姆伯格到底用了什么法宝，来模拟星系的碰撞和并合？答案肯定让你大吃一惊，他用的是灯泡。

1940 年，霍姆伯格在瑞典的一个黑暗的谷仓里，安装了 74 个灯泡。他把这些灯泡分成两队，每队都有 37 个灯泡，分别代表两个拥有 37 颗恒星的星系。此外，他还给不同的灯泡通上了不同的电压，让它们呈现出不同的亮度。越靠近中心，灯泡就越亮；越靠近边缘，灯泡就越暗。这就很好地模拟出了星系中恒星的密度分布情况。

对一个观测者来说，他所看到的灯泡亮度（也就是灯泡发出的光的强度，简称光强）与他到灯泡的距离平方成反比。这恰好与引力的平方反比律完全一致。换句话说，无论是光强还是引力，都按照距离平方反比的规律衰减。这意味着，可以利用非常简单的光强测量，来代替极其复杂的引力计算。正是这个另辟蹊径

---

① 对三体问题感兴趣的读者，可以参阅我之前写的《宇宙奥德赛：穿越银河系》一书的 1.1 节。

的构想，一举绕开了引力计算的大山，进而破解了模拟星系碰撞和并合的超级难题。

做实验的时候，霍姆伯格先让两队灯泡整体地向对方运动。然后，他根据每个灯泡接收到的总光强，来推算每个灯泡所受到的总引力，进而确定每个灯泡下一步应该被挪到哪里。这样一来，他就可以模拟出每颗"恒星"未来的运动轨迹，以及两"星系"并合过程中的形态演化。历史上第一个天体系统动力学演化的模拟，就是用这么简陋的设备完成的。

1941年，霍姆伯格写了篇论文，公布了他的"星系"并合模拟结果。图2.27就展示了两"星系"并合过程中的形态演化。研究结果表明，两"星系"会在彼此穿越的过程中越靠越近，最终合二为一。此外，在已经并合的星系的边缘，会出现被潮汐力剥离出来的"星流"。

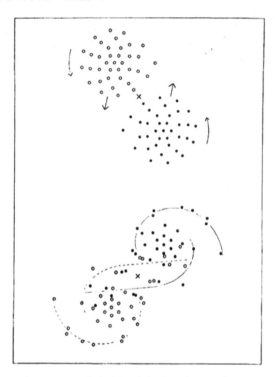

图 2.27　两"星系"并合过程中的形态演化

作为对比，图2.28展示了人们后来拍到的合并星系NGC 2207的照片。可以看到，两者具有极高的相似度。这也验证了霍姆伯格所做的模拟实验的正确性。

图 2.28　合并星系 NGC 2207 照片

又过了 5 年，人类造出了历史上第一台真正意义上的计算机，即位于美国宾夕法尼亚大学的"ENIAC"（图 2.29）。而计算机的发明，为星系碰撞和并合的模拟，带来了真正的曙光。

图 2.29　第一台真正意义上的计算机"ENIAC"

先科普一下用计算机模拟星系碰撞和并合的基本原理。

首先，要把星系碰撞和并合的演化过程划分为许多均匀的时间段，且每一段的时间间隔要尽可能的小（这些很小的时间段，就是所谓的时间步长）。然后，在每个时间段的分界点，计算星系中的每个天体受到其他天体的引力之和，再根据每个天体目前的位置和速度，预测它下一个时刻的位置和速度。如此反复循环，直到算出整个并合过程中所有天体位置和速度的演化轨迹。这就是所谓的"N 体模拟"。

1972 年，基于"N 体模拟"技术，阿拉·图默和尤里·图默兄弟完成了真正意义上的并合星系的计算机数值模拟（图 2.30）。他们的研究结果表明，宇宙中星系的碰撞和并合远比人们原来预想的要普遍。此外，由于恒星间的距离特别大，在星系并合的过程中，基本不可能发生恒星直接相撞的事件。

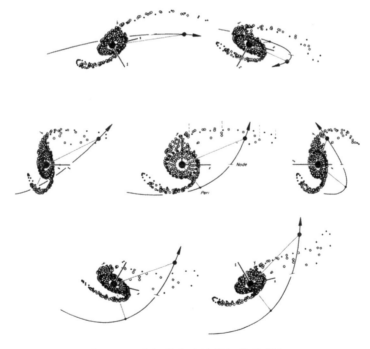

图 2.30 并合星系的计算机数值模拟

此后，随着计算机性能的不断提升，星系模拟变得越来越接近于现实。时至今日，星系碰撞和并合的数值模拟，已经成为天文学的一个非常热门的领域。

　　我们已经介绍了人类了解星系碰撞和并合的历史，同时也完成了关于 M87 星系的旅行。在离开这个拥有壮观星际喷流和巨大中心黑洞的景点之前，我们再来讲讲它的未来。

　　目前的天文观测表明，M87 星系正在与 M86 星系互相靠近。早晚有一天，这两个星系也会发生碰撞和并合。换言之，M87 星系的扩张之路，还在继续。

2.5 为什么说室女座超星系团不是引力束缚系统?

逛完了室女座星系团,接下来我们游览室女座超星系团。

之前讲过,作为拥有 100 多个"城市"的"省",室女座超星系团的直径约为 1.1 亿光年,其总质量约为太阳质量的 1.5×10^{15} 倍。除了"省会城市"室女座星系团以外,这个"省"还有两个比较大的城市,即天炉座星系团和波江座星系团(图 2.1)。至于其他的,都是"小城市",也就是由几十个星系所构成的星系群。

更重要的是,室女座超星系团这个"省",与之前游览过的"别墅"(太阳系)、"中心城区"(银河系和仙女系)、"小城市"(本星系群)和"省会城市"(室女座星系团)相比,存在着一个本质性的差异:室女座超星系团不是引力束缚系统。

先科普一下什么是引力束缚系统。

我们会在 4.1 节中介绍,宇宙目前正处于不断膨胀的状态。需要强调的是,宇宙的膨胀其实是空间本身的膨胀。为了便于理解,你可以想象一只正在膨胀的气球(图 2.31)。在气球表面有一条画好的线段。随着气球的膨胀,这条线段的长度也会随之变大。

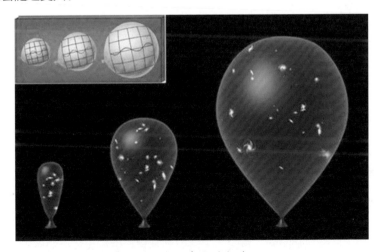

图 2.31 膨胀的气球

但是，并非位于气球表面的所有物体都会随气球的膨胀而变大。举个例子，如果气球表面有一只蚂蚁，它的尺寸就不会随气球的膨胀而变大。这是因为，在自身引力的束缚下，蚂蚁的结构一直保持稳定，完全不受气球膨胀的影响。

这种由于自身引力的束缚，整体结构一直保持稳定的物理系统，就是所谓的引力束缚系统。

我们之前游览过的所有景点，都属于引力束缚系统。而引力束缚系统的中心，往往都有一个大质量的核心。比如说，太阳系的中心是太阳，其质量能达到太阳系总质量的 99.86%；在太阳引力的作用下，太阳系的其他天体都会绕着太阳公转。再比如说，银河系的中心是超大质量黑洞人马座 A*，其质量能达到太阳质量的 430 万倍；在人马座 A* 的牵引下，银河系的四大悬臂就像风车一样绕着银心旋转。此外，室女座星系团的中心是 M87 星系，其中心是超大质量黑洞 M87*，其质量是太阳的 65 亿倍；在 M87 星系引力的作用下，室女座星系团中的 2000 多个星系保持了一个稳定的椭圆结构。

但是室女座超星系团的情况截然不同。在 20 世纪 80 年代，人们发现室女座超星系团并非引力束缚系统。

那么，人们到底如何发现，室女座超星系团并非引力束缚系统？这得从一个非常有趣的天文学团体说起。

纵观天文学史，绝大多数的重大科学突破，都是由一两个科学家单枪匹马地完成的。这是因为在很长一段时间，天文学研究一直像家庭作坊，只要一两个顶级科学家，再加上几个学生，就足够了，很少需要科学家之间的大规模合作。

但是天文学界的家庭作坊模式，在 20 世纪 80 年代出现了很大的改变。举个例子，为了进行大规模的星系巡天，有 7 个英国和美国的天文学家就联合在了一起。

这 7 个人包括剑桥大学的唐纳德·林登贝尔、加州大学圣克鲁兹分校的桑德拉·法伯、亚利桑那大学的大卫·伯斯坦、基特峰国立天文台的罗杰·戴维斯、卡内基学院的艾伦·德雷斯勒、格林尼治天文台的罗伯托·特列维奇和达特茅斯学院的加里·韦格纳。当时，他们有一个共同的研究课题，那就是研究椭圆星系的性质。此外，他们也面临着一个共同的难题：单独一个人所拥有的资源（尤其是能申请的望远镜观测时间）有限，无法对椭圆星系进行大规模的巡天。

所以，这 7 个人就联合在了一起，组成了一个研究团队。受一部日本电影的启发，他们把这个研究团队称为"七武士"。合"七武士"之力，他们成功申请到了位于四大洲的 10 多台大型望远镜的观测时间。利用这 10 多台大型望远镜进行持续不断的观测，"七武士"完成了对 400 个椭圆星系（图 2.32）的巡天工作。

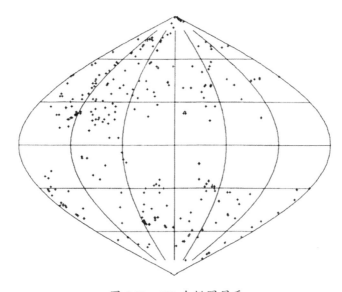

图 2.32　400 个椭圆星系

"七武士"的主要目的是研究这些椭圆星系的亮度、距离和本动速度①之间的关系。为此，他们采用"标准烛光"的方法测量这些星系与地球之间的距离，并用"多普勒效应"测量这些星系的本动速度。

最终的观测结果，让"七武士"都目瞪口呆。

他们惊愕地发现，这 400 个椭圆星系都以 600~1000 千米 / 秒的速度，朝人马座方向的一个神秘天体移动。准确地说，该天体位于银经 307 度、银纬 9 度的方位②，与地球相距超过 2 亿光年。"七武士"把这个吸引所有星系的神秘天体称为"巨引源"，意思是"巨大的引力源头"。

"巨引源"的发现，意味着室女座超星系团不可能是引力束缚系统。这是因

① 本动速度是指扣除宇宙膨胀的影响之后所剩下的，天体原本的运动速度。

② 我们熟悉的经度和纬度，源于以地球赤道为基础建立的一个二维球面坐标系，能用来标记地球表面每一点的方位。同样地，以银河系平面为基础，也可以建立一个二维球面坐标系，用来标记天上每个天体的方位，它所对应的就是银经和银纬。

为，这个"省"内的众多"小弟"，根本不理睬室女座星系团这个"老大"，而纷纷奔向质量更大的"巨引源"。这就像是一线城市对于经济不发达省份的虹吸效应。在一线城市的虹吸之下，经济不发达省份必然会遭遇人口流失。类似地，在"巨引源"的虹吸之下，室女座超星系团这个"省"也无法保持自身结构的稳定。所以，它不可能是引力束缚系统。

"七武士"的测量结果表明，"巨引源"的质量能达到太阳质量的 5×10^{16} 倍。你可能会觉得奇怪了：这个如此巨大、如此恐怖的"巨引源"，人类在 20 世纪 80 年代以前为什么完全没有注意到呢？原因在于，它恰好处于银河系的另一面，也就是所谓的"隐匿区"。说得更具体一点，在地球和"隐匿区"之间还隔着一个银心。而银心周围有大量的气体和尘埃，从而构成了一堵厚厚的墙。由于这堵墙的遮挡，隐匿区天体发出的可见光，根本就到不了地球。所以很长一段时间，人类对位于"隐匿区"内部的天体，都是两眼一抹黑。

现在我们已经知道，地球近邻世界的真正主宰，并非"省会城市"室女座星系团，而是位于"隐匿区"内的神秘"巨引源"。那么，"巨引源"的真面目到底是什么？此问题的答案将在下一章的旅程中揭晓。

03
拉尼亚凯亚超星系团

我们所居住的"国家"，是拥有 10 多万个星系的拉尼亚凯亚超星系团，其直径约为 5.2 亿光年，而总质量至少是太阳的 10×10^{16} 倍。拉尼亚凯亚超星系团的主体结构就像是一个巨大的山谷（图 3.1），位于中心谷地的是它的"首都"巨引源，位于周边山坡上的则是它的 4 个"省"，包括室女座超星系团、长蛇 - 半人马座超星系团、孔雀 - 印第安超星系团和南方超星系团。

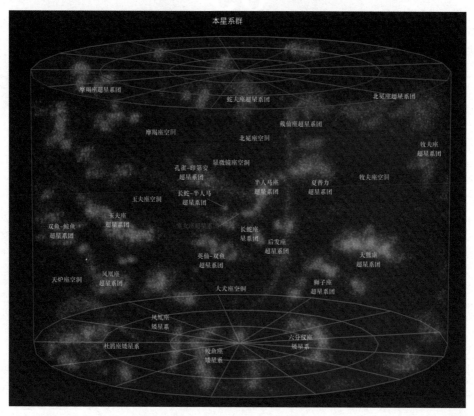

图 3.1　拉尼亚凯亚超星系团主体结构

由于篇幅有限，接下来我们只游览这个"国家"中最有名的景点。但在此之前，先要介绍 20 世纪 60 年代的一个重大天文发现。

3.1 类星体是怎么被发现的？

20 世纪 60 年代，是天文学的黄金时代。在那 10 年的时间里，天文学家们做出了一系列激动人心的重大发现。其中最有名的发现有 4 个，分别是脉冲星、宇宙微波背景、星际有机分子和类星体。它们并称为 20 世纪 60 年代的天文学四大发现。

之前的银河系之旅，已经详细地介绍了脉冲星的发现。至于宇宙微波背景和星际有机分子的内容，会放到以后的宇宙起源和生命诞生之旅中（即《宇宙奥德赛》系列的第 4 本和第 5 本书）科普。现在我要讲述的，是人类发现类星体的故事。

这个故事要从一个少年得志的人讲起。他名叫艾伦·桑德奇（图 3.2）。

1948 年，桑德奇考上了加州理工学院（California Institute of Technology，Caltech）天文系的研究生。当时，天文系总共有两个教授，一个是我们在之前旅程中见过、喜欢骂别人是"混球"的兹维基，另一个是纽约富商之子、喜欢研究心理学的杰西·格林斯坦（图 3.3）。由于兹维基在天文系早已"恶名远扬"，桑德奇选择投到格林斯坦的门下。没过多久，他就脱颖而出，成为格林斯坦最喜欢的学生。

图 3.2 艾伦·桑德奇   图 3.3 杰西·格林斯坦

一年后，有个天文学界的大人物找到格林斯坦，想让他推荐一个学生来做自己的观测助手。格林斯坦毫不犹豫地推荐了桑德奇。这个大人物，就是我们的老朋友哈勃。

　　但没过多久，哈勃就得了一场很严重的心脏病，不得不在家疗养一年。所以，桑德奇和哈勃的第一次合作也被迫终止。

　　不过在哈勃养病期间，桑德奇又得到了另一个天文学界大人物的青睐，他就是我们的另一个老朋友巴德。出于对桑德奇的喜爱，巴德把自己所有的天文观测技术和经验都倾囊相授。

　　到了 1950 年，哈勃回来了。他也非常器重桑德奇，并把桑德奇当成自己的学术继承人来培养。

　　为什么这么多大牌天文学家都如此喜欢桑德奇呢？除了他特别聪明勤奋以外，还有一个很重要的原因。桑德奇有一个很独特的特长，那就是特别擅长憋尿。

　　在 20 世纪中叶，天文观测条件是非常简陋的。做观测的时候，天文学家必须爬进一个笼子，然后整夜待在那里仰望夜空。为了避免对观测造成影响，中途要尽量不上厕所。而桑德奇的独特之处在于，他可以很轻松地连续十几个小时不上厕所。所以和普通天文学家相比，他就有了很大的优势。

　　得到哈勃和巴德的器重以后，桑德奇的学术之路变得一片坦途。1953 年，他博士毕业，然后顺利得到了威尔逊山天文台和帕洛玛山天文台的职位，从而成为哈勃和巴德这些大师的同事。同样是在 1953 年，天文学界发生了一件大事：哈勃心脏病复发，去世了。

　　顺便说一句，哈勃去世后，他的妻子悄悄地操办了哈勃的后事，没有追悼会，没有葬礼，没有墓碑。所以今天，根本没有人知道哈勃的长眠之所。

　　哈勃去世后，他拥有的所有学术资源，都转移到了他的学术继承人，也就是桑德奇的手里。其中最重要的资源，是每年 35 个夜晚，独自使用海尔望远镜观测星空的权利。

　　海尔望远镜，是一个口径 5 米的大型光学望远镜。在整整 40 年的时间里，它一直都是全世界最大、最先进的光学望远镜。一个不到 30 岁的年轻人，居然可以独占这个史诗级望远镜 1/10 的观测时间。这跟继承天文学界王位，已经没什么区别了。

对桑德奇来说，20 世纪 50 年代是梦幻般的 10 年。他成功继承了哈勃的衣钵，成了美国天文学界的领军人物。

与此同时，在大西洋彼岸的英国，一股天文学界的新势力正在迅速崛起。

这股新势力就是射电天文学家。与传统天文学家不同，他们研究的不是遥远天体发出的可见光，而是这些天体发出的无线电波。其中的代表人物就是在之前的旅程中已经露过面的马丁·赖尔（图 3.4）。

图 3.4 马丁·赖尔

我们在银河系之旅中讲过，"二战"结束后，赖尔在剑桥大学建立了全欧洲第一个射电天文学研究小组。这个研究小组在 1967 年发现了脉冲星的存在，从而摘下了 1974 年诺贝尔物理学奖的桂冠。

不过早在 20 世纪 50 年代，赖尔的研究小组就已经出了名。他们用自己建造的射电望远镜，发现了一大堆能发出无线电波的天体（即射电源）。基于这些发现，他们发布了一个非常有名的射电源星表，叫作"剑桥射电源第三星表"，其英文缩写是"3C"。

对天文学家来说，这个 3C 星表堪称阿里巴巴的宝藏。举个例子。1960 年的春天，桑德奇的一个叫鲁道夫·闵可夫斯基的同事，就在这个 3C 星表中挖到了宝。[①]利用海尔望远镜，闵可夫斯基成功确定了 3C 星表中的一个射电源的准确位置。这个编号 3C295 的射电源，是一个与地球相距 50 亿光年的巨大星系。这也是人类当时观测到的最遥远的天体。

到了 1960 年的夏天，有一个叫汤姆·马修斯的射电天文学家，发现射电源 3C295 并不是 3C 星表中唯一的珍宝。他注意到，像 3C295 这样又小又亮的射电源，在 3C 星表中还有 10 个。所以，马修斯就专程拜访了桑德奇，希望他用海尔望远镜来检验一下，这 10 个射电源会不会也是遥远的星系。

桑德奇采纳了马修斯的建议，开始对 3C 星表中的这 10 个射电源进行系统

—————————

① 此人的叔叔，就是曾经大骂爱因斯坦是一条"懒狗"的著名数学家赫尔曼·闵可夫斯基。

的观测。没过多久，他的注意力就被其中一个射电源所吸引。这个射电源的编号是 3C48（图 3.5，箭头所指的天体）。

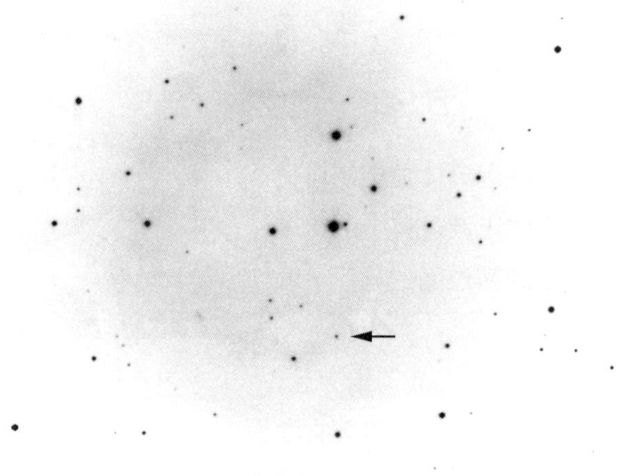

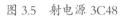

图 3.5　射电源 3C48

　　经过仔细的观测，桑德奇发现 3C48 的亮度会随时间而发生变化。这意味着，它不可能是一个星系。这是因为，要想让一个星系的亮度发生显著的变化，就必须让此星系中的几十上百亿颗恒星同时变亮或变暗，这显然是不可能发生的事情。所以桑德奇认定，3C48 一定是一颗恒星。

　　但问题是，3C48 是一颗极为诡异的恒星。为什么说它诡异呢？因为它的光谱，与其他所有恒星的光谱都截然不同。

　　我们在之前的太阳系之旅中已经详细地介绍过光谱的概念。简单地说，遥远恒星发出的光，在射入望远镜后，会被一面三棱镜折射，变成一条让各种单色光按频率大小依次排列的光带。这条光带就是所谓的恒星光谱。[①]

　　天文学家研究恒星的最重要的手段，就是分析它们的光谱。我们在太阳系之旅中讲过，通过把恒星光谱与各种化学元素的发射线进行对比，就可以确定此天体到底由哪些化学元素构成。

　　但让桑德奇大跌眼镜的是，3C48 的光谱不同于地球上任何一种化学元素的发射线。换句话说，根本无法确定 3C48 到底由什么元素构成。

———————

① 　对恒星光谱的细节感兴趣的读者，可以参阅我之前写的《宇宙奥德赛：漫步太阳系》一书的 5.1 节。

1960 年，在美国天文学年会上，桑德奇报告了自己对射电源 3C48 的观测结果。这个极端诡异、连由什么化学元素构成都未知的天体，让整个天文学界都陷入了巨大的困惑。所以，天文学家们就为 3C48 单独设立了一个分类，叫类星体，也就是类似于恒星的天体。

此后两年的时间，桑德奇一直在对类星体 3C48 进行持续的观测。不过，他一直没办法对 3C48 的存在做出合理的解释，这让他仿佛是"龟兔赛跑"中的那只兔子。

两年之后，一个年轻人登上了历史的舞台。他名叫马丁·施密特（图 3.6），是"龟兔赛跑"中的那只乌龟。

施密特是荷兰人，师从我们的老朋友、荷兰著名天文学家奥尔特。1960 年，他移民美国，接替退休的闵可夫斯基，成为威尔逊山天文台和帕洛玛山天文台的研究员。

1962 年底，施密特用海尔望远镜发现，剑桥 3C 星表中还有一个类星体，那就是射电源 3C273（图 3.7）。和桑德奇发现的 3C48 一样，3C273 也拥有与其他恒星截然不同的诡异光谱。换句话说，同样无法确定它由什么化学元素构成。这个难题把施密特折磨得心力交瘁。

图 3.6　马丁·施密特

图 3.7　射电源 3C273

就在心力交瘁、恨不得要放弃的时候，施密特在偶然间发现，3C273 的光谱与一种地球上的化学元素的发射线很相似，那就是我们最熟悉的氢元素（氢元素的发射线见图 1.12 ）。

你可能会觉得奇怪了：氢元素发射线是天文学家最熟悉的东西。那施密特以前为什么意识不到，3C273 的光谱与地球上氢元素的发射线关系密切呢？原因在于，两者之间有一个很大的差异：相对于地球上氢元素的发射线，3C273 光谱中的氢元素吸收线发生了巨大的红移。施密特的计算结果表明，3C273 光谱的红移值高达 0.16。

这意味着什么呢？我来简单地科普一下。

在之前的旅程中，我们已经多次提到红移的概念。根据多普勒效应，如果一个天体在离地球远去，它发出光就会向红端移动，这个现象就是红移。红移值越大，说明天体远离地球的速度越大；相应地，它与地球的距离也越远。

可以认为，银河系内所有天体相对于地球的红移都能忽略不计。换句话说，银河系内所有天体的光谱，其红移值都非常接近于 0。

施密特发现的这个 3C273，其红移值是 0.16。这意味着，此天体与地球大概相距 22 亿光年。[①]

这样一来，类星体 3C273 的诡异光谱之谜就迎刃而解了。3C273 和其他天体一样，都由氢元素构成。但是，它离我们非常遥远，大概相距 22 亿光年。

你可以想象，此时出现在施密特脑海中的，是一个何等震撼的画面。一个恒星大小的天体，发出的光竟然穿越了 22 亿年的漫漫长路，最后被地球人看到。

施密特的发现立刻轰动了全世界。《时代》杂志专门用他的头像做了一期杂志封面（图 3.8）。从那以后，人们就把他称为"类星体之父"。

至于桑德奇，尽管已经错失良机，但如

图 3.8　《时代》杂志用施密特头像做封面

① 顺便多说一句，这场飞向宇宙尽头之旅的终点，其红移值是 ∞。

果他能亡羊补牢，及时用施密特的思路分析一下自己两年前发现的 3C48，那么他还有机会与施密特共享类星体发现者的殊荣。

但是，这个最后的机会因为一个人的出现而化为泡影。此人就是桑德奇的博士生导师格林斯坦。

对于把自己推荐给哈勃的格林斯坦，桑德奇一直非常感激，甚至把格林斯坦的照片贴在了自己办公室的门上。

但人生总是变幻莫测。当类星体 3C273 的诡异光谱之谜被破解的时候，格林斯坦恰好路过了施密特的办公室。听了施密特的介绍以后，格林斯坦马上意识到，桑德奇两年前发现的类星体 3C48 的诡异光谱，也能用同样的理论加以解释。很快地，他就测出了 3C48 的红移量是 0.37。这意味着，类星体 3C48 是当时人类发现的第二遥远的天体，仅次于闵可夫斯基发现的最远星系 3C295。

但是，格林斯坦的做法已经坏了威尔逊山天文台和帕洛玛山天文台的规矩。

为了避免同事之间的争斗，威尔逊山天文台和帕洛玛山天文台的首任台长海尔立下了一条不成文的规矩：在威尔逊山天文台和帕洛玛山天文台工作的天文学家，不能入侵其他同事的研究领域。既然 3C48 是桑德奇发现的，那么它就是专属于桑德奇一个人的。但在名垂青史的巨大诱惑下，格林斯坦已经顾不上这么多了。

1963 年初，英国《自然》杂志发表了两篇关于类星体的划时代论文。在第一篇论文中，施密特介绍了自己发现的类星体 3C273。在第二篇论文中，格林斯坦与马修斯合作，揭开了类星体 3C48 的光谱之谜。

这样一来，桑德奇就苦涩地发现，自己居然为别人做了嫁衣。

类星体的发现，无疑是 20 世纪最伟大的天文学成就之一。但是这个发现，也让很多人受到了伤害。

由于无法容忍格林斯坦破坏规矩的行为，桑德奇很快就与自己的老师彻底决裂。他把格林斯坦的照片从自己办公室的门上撕了下来，此后也和格林斯坦老死不相往来。

自知理亏，并被自己最得意弟子敌视，这让格林斯坦大受打击。

马修斯的日子也不好过。作为第一个想到利用海尔望远镜来研究剑桥 3C 星表的人，他非常愤懑地发现，因为资历最浅的缘故，自己沦为了一个不折不扣的配角。

后来，格林斯坦和马修斯都退出了类星体的研究。至于桑德奇，虽然后来又做了不少关于类星体的研究工作，但却始终没能得到自己应得的认可。

只有施密特笑到了最后。因为揭开了类星体的神秘光谱之谜，他被后人尊称为"类星体之父"，并于 2008 年获得了首届科维里天体物理学奖。

"一将功成万骨枯。"学术的世界就是这么残酷。

我们已经讲完了人类发现类星体的故事。类星体是一种非常诡异也非常神秘的天体。它的大小相当于一颗恒星，但是它发出的光强到足以穿越几十亿光年的宇宙空间。换言之，大小与恒星相当的类星体，居然做到了只有大型星系才能做到的事情。那么，类星体到底是什么东西呢？

欲知详情，请听下回分解。

3.2 类星体的真面目是什么？

上一节，我们介绍了人类发现类星体的历史。类星体的发现带给天文学界的不光是巨大的惊喜，还有巨大的困惑。

之前说过，类星体的大小与恒星相当。但是，它与地球的距离达到惊人的数十亿光年。这意味着，类星体的绝对亮度竟然能与大型星系相媲美。那么这种只有恒星大小却特别明亮的天体，到底是什么东西呢？

只有恒星大小却特别明亮的天体，我们在之前的旅程中其实已经见过两种，那就是超新星和伽马暴。但无论是超新星还是伽马暴，都是将差不多一颗恒星的质量，全部转化成可见光或伽马射线的能量，然后在短时间内集中释放出来。也就是说，无论是超新星还是伽马暴，都不会亮很久，最多撑上几十天，就会暗下去。

但类星体就大不相同了。它不但特别明亮，而且还亮得特别持久。就算过上很多年，亮度也完全不会下降。

按照常理，像类星体这么诡异的天体，足以成为天文学界的世纪之谜。但让人意想不到的是，仅仅过了一年，就有人找到了揭开类星体真面目的关键线索。

这是一个非常传奇的人物。他传奇到什么地步呢？就连英国著名科学家霍金第一次见到他的时候，都惊呼道："没想到你居然是一个真人。我还以为你的名字，是一群科学家共用的笔名呢！"

这个传奇人物就是苏联宇宙学教父雅可夫·泽尔多维奇（图 3.9）。

泽尔多维奇没有读过大学本科。高中毕业

图 3.9 雅可夫·泽尔多维奇

后，他直接参加工作，成了苏联科学院化学物理研究所（Institute of Chemical Physics，ICP）的一名科研助手。三年后，ICP 注意到泽尔多维奇惊人的天赋和潜力，所以就把他破格录取为 ICP 的研究生。1936 年，他拿到博士学位，然后就留在 ICP 工作。1946 年，由于在化学物理领域取得了不俗的成绩，32 岁的泽尔多维奇被任命为 ICP 理论部主任。

但两年后，他的人生出现了巨大的转折。当时，苏联要制造原子弹，所以就抽调了一批全苏联最精英的科学家。泽尔多维奇也在其中。他不得不离开了自己熟悉的化学领域，转行去研究核物理。

这次转行很成功。由于在核武器研发中的突出贡献，泽尔多维奇获得了三次苏联劳动英雄金星奖章。在 1958 年，也就是泽尔多维奇 44 岁那年，他当选为苏联科学院院士。

在化学物理和核物理这两个领域都大获成功，按理说，泽尔多维奇已经可以躺在功劳簿上过完后半生了。但是在 20 世纪 50 年代末，泽尔多维奇又做出了一个惊人的决定。他决定再次离开自己的舒适区，转行去研究一个新的领域，那就是天体物理和宇宙学。

正是这个决定，让泽尔多维奇迈向了人生的最高峰。

后来，他不但发现了好几个用他名字命名的科学定律，还培养了一大批极为优秀的学生，进而建立了一个属于自己的学派。在未来的旅程中，我们还会与这个学派的成员重逢。

当时最让泽尔多维奇感兴趣的科学课题是黑洞。我们之前讲过，黑洞是一种逃逸速度能达到光速的致密天体，也是连光都插翅难逃的宇宙中最恐怖的监狱。20 世纪 60 年代，在我们的老朋友、美国著名物理学家约翰·惠勒等人的推动下，物理学界掀起了一股在爱因斯坦广义相对论的框架下寻找黑洞数学解的热潮。

不过，泽尔多维奇的切入点与惠勒等人截然不同。他提出了这样一个问题：怎么才能探测到黑洞的存在？

怎么才能探测到黑洞的存在？这个问题，打开了一扇通往类星体世界的大门。

顺便多说一句。纵观整个人类科学史，我们已经反复看到，一个好问题的提出，往往就是成功的一半。

为了研究黑洞对周围环境的影响，泽尔多维奇设想了这样一个物理过程。在一个不断旋转的黑洞的周围，环绕着大量的气体。在黑洞强大引力的作用下，这些气体会绕着黑洞打转，形成一个类似海底漩涡的结构。最靠近黑洞的那部分气体会落入黑洞，就像最靠近漩涡中心的那部分海水会沉入海底。这就是"黑洞吸积"过程。

泽尔多维奇发现，在"黑洞吸积"过程中，会发生一个非常有趣的现象。气体在落入黑洞的刹那，会被加热到极高的温度；这样一来，它就会发出极强的光。

换句话说，黑洞扮演了一个能量转换器的角色。它能够把被吸积气体的部分质量转化成光能，进而发出极强的光。而这些强光，又会沿着黑洞自转轴的方向喷射出去（图 3.10）。

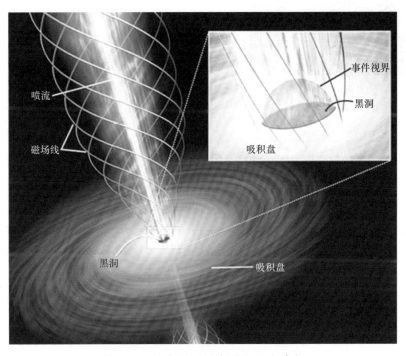

图 3.10　强光沿黑洞自转轴方向喷射

这个机制，恰好能解释类星体的核心特征。由于黑洞的体积很小，它的吸积盘也和普通恒星差不多大小。此外，不同于超新星和伽马暴，黑洞吸积气体是一个相当缓慢的过程。黑洞可能要花几百万年的时间，才能把它周围的吸积盘上的气体全部吞掉。在此期间，就能持续发出极强的光。尺寸与恒星相当，却能持续发出极强的光，这就和类星体的核心特征完全一致了。

泽尔多维奇的发现，即黑洞吸积过程可以持续不断地产生强光，让人类迈出了理解类星体真面目的最关键的一步。

但是，这并不是最后一步。

因为有一个问题还悬而未决：类星体背后隐藏的，到底是什么样的黑洞？

完成最后临门一脚的人，在之前的旅程中已经露过面了。他就是"七武士"之一的英国著名天文学家林登贝尔（图 3.11）。

1960 年，在剑桥大学拿到博士学位的林登贝尔，跑到帕洛玛山天文台做博士后。他的合作导师，就是我们的老朋友桑德奇。在

图 3.11　林登贝尔

那里，林登贝尔亲眼见证，桑德奇发现了世界上第一个类星体，但却与"类星体之父"的荣誉失之交臂。那时的林登贝尔可能做梦也不会想到，后来为桑德奇扳回一城的人，居然是自己。

1962 年，林登贝尔回到英国，成为剑桥大学的一名讲师。不过那段时间他过得很不开心。因为剑桥大学繁重的教学任务，严重压缩了他做科研的时间。所以在 1965 年，他跳槽到了格林威治皇家天文台。事实证明，这是一个极为正确的决定。因为仅仅过了 4 年之后，他就写出了那篇改变他一生命运的论文。

这是 1969 年发表在《自然》杂志上的一篇论文。在这篇论文中，林登贝尔做了一个石破天惊的大胆预言。他认为，宇宙中所有星系的中心都有一个超大质量黑洞，其质量至少能达到普通黑洞的几百万倍。如果超大质量黑洞的周围没有气体供其吞噬，那么它就会沉寂下来，像一只冬眠的猛兽。反之，如果超大质量黑洞的周围有气体供其吞噬，那么它就会大快朵颐，变成一个类星体。

这是一个远远超越时代的预言。那时别说是超大质量黑洞了，就连最普通的恒星质量黑洞，也一个都没找到。很多人甚至怀疑，黑洞根本就不存在。从这个意义上讲，林登贝尔可以说是一个不折不扣的先知。

先知林登贝尔的理论一亮相，立刻在天文学界引起了巨大的争议。但时至今日，他的理论已经成为天文学界的共识。

现在，让我们再描述一下林登贝尔构想的宇宙图景。在茫茫宇宙中，漂浮着上万亿个星系。在每一个星系的中心，都盘踞着一个巨大的黑洞。它们就像一群潜伏在宇宙黑暗角落里的恐怖怪兽，正在静静地等待着从周围路过的受害者。

你可能会好奇了：在藏身于宇宙黑暗角落里的众多恐怖怪兽中，有没有特别厉害的大 BOSS？答案是，有。

欲知详情，请听下回分解。

3.3 拉尼亚凯亚超星系团是一个怎样的"国家"？

上一节的结尾提出了这样一个问题：在藏身于宇宙黑暗角落里的众多恐怖怪兽中，有没有特别厉害的大 BOSS？

答案当然是有。离地球最近的大 BOSS，就是我们之前提到过的"巨引源"。

上一章已经讲过，"七武士"在 20 世纪 80 年代发现，地球周边的 400 多个椭圆星系，全都以 600~1000 千米 / 秒的速度，朝人马座方向的一个位于银经 307 度、银纬 9 度的神秘天体移动。要想牵引这么多的椭圆星系，根据"七武士"的计算，这个神秘天体的质量至少要达到太阳质量的 5×10^{16} 倍。这个庞然大物就是"巨引源"。

但是在 21 世纪以前，"巨引源"的真面目一直隐藏在迷雾之中。这是因为，"巨引源"位于银河系隐匿区。换句话说，在地球与"巨引源"之间，恰好隔着银心；而银心中大量的气体和尘埃构成了一堵厚厚的墙，遮住了"巨引源"发出的所有可见光。

不过在 21 世纪初，有一个夏威夷大学的研究团队开始向银河系隐匿区的禁地发起挑战。这个研究团队的领导者是夏威夷大学教授布伦特·塔利（图 3.12）。

图 3.12　布伦特·塔利

塔利开启了一个名为"隐匿区星系团"的观测项目。此项目旨在利用 X 射线系统性地搜寻位于银河系隐匿区内的星系团。与可见光不同，X 射线并不会被银心尘埃墙完全遮挡。换句话说，银河系隐匿区内的天体所发出的 X 射线，是可以被地球人看到的。

经过数年的搜寻，塔利等人终于在银经 307 度、银纬 9 度的位置，找到了"巨引源"的真身。它是一个巨大的星系团，被称为矩尺座超星系团（也叫阿贝尔 3627，图 3.13）。

图 3.13 矩尺座超星系团

不过在天文学上，新的发现往往也会带来新的问题。经过仔细的研究，塔利等人发现矩尺座超星系团的质量，大概只有太阳质量的 5×10^{15} 倍。也就是说，"巨引源"的质量只有"七武士"估算结果的 1/10。

为什么塔利等人测出的"巨引源"的质量，只有"七武士"估算结果的 1/10 呢？目前主要有两种解释。

第一种解释是，塔利等人测量的仅仅是"巨引源"中可见物质的质量。而"巨引源"绝大部分的质量，其实是由它的不可见物质，也就是所谓的"暗物质"贡献的。由于篇幅所限，这里就不展开讨论"暗物质"的话题了。关于"暗物质"的科普，将是宇宙奥德赛之旅最终章（即宇宙命运之旅）的核心内容之一。

第二种解释是，"巨引源"并不是牵引众多椭圆星系奔向银河系隐匿区的最大 BOSS。在"巨引源"的背后，还隐藏着一个更大的 BOSS。经过一番搜寻，塔利等人找到了一个候选者，它就是同样位于银河系隐匿区、与地球大概相距 6.5 亿光年的沙普利超星系团（图 3.14）。[1]

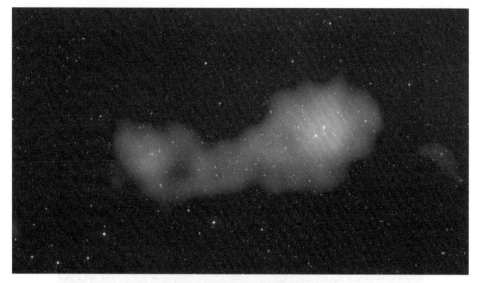

图 3.14　沙普利超星系团

到底哪种解释是对的呢？目前尚无定论。这两种解释都非常合理。所以，"巨引源"的质量缺失之谜，很有可能是这两个原因共同作用的结果。

找到"巨引源"的真身，并没有让塔利等人止步不前。他们还要更上一层楼。

2014 年，塔利等人在英国的《自然》杂志上发表了一篇论文。在这篇论文中，塔利等人指出，横跨 1.1 亿光年的室女座超星系团，仅仅是一个更大的天体系统的一小部分。他们把这个更大的天体系统称为拉尼亚凯亚超星系团。这个名字出自夏威夷语，意思是"无尽的天堂"。

可能你会感到困惑了：塔利等人定义一个更大天体系统的标准是什么？为了

---

[1]　沙普利超星系团是我们的老朋友沙普利在 1930 年发现的，后来人们就用发现者的名字为这个超星系团命名了。

科普其中的道理，我来做一个类比。

想象一个巨大的山谷。山谷中间是一片低洼的谷地，而谷地四周高山环绕。在这个山谷之外，还有许多其他的山谷。那么问题来了：怎么才能确定这个山谷的疆域？

有一个很简单的办法：用一个小球来检验。把这个小球放在四周的山坡上。如果这个小球在滚向中间的谷地，那么它所在的地方就属于这个山谷；如果这个小球在远离中间的谷地（也就是滚向其他山谷的谷底），那么它所在的地方就不属于这个山谷。

这正是塔利等人确定拉尼亚凯亚超星系团疆域的核心标准。他们把"巨引源"当成了山谷中间的谷地。凡是在靠近"巨引源"的星系，都属于这个"山谷"的疆域。由所有正在靠近巨引源的星系所构成的这个巨型恒星集团，就是拉尼亚凯亚超星系团（图 3.15）。

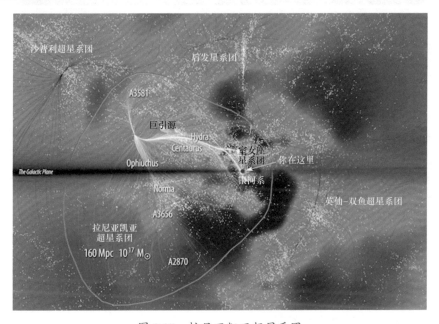

图 3.15　拉尼亚凯亚超星系团

这个拉尼亚凯亚超星系团，就是我们生活的"国家"。

之前已经说过，这个"国家"的形状很像是一个巨大的山谷。而这个巨大的山谷，又可以分为 4 个主要的"省"（图 3.16）：

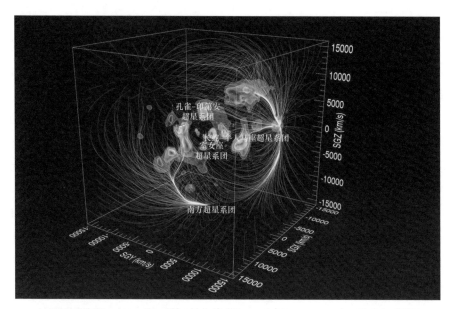

图 3.16　拉尼亚凯亚超星系团的 4 个 "省"

1. 长蛇 – 半人马座超星系团

这个 "省"，是位于长蛇座和半人马座方向上的一大堆超星系团的总称，其中最主要的成员包括长蛇座、半人马座、阿贝尔 3565、阿贝尔 3574 和诺玛超星系团。更重要的是，长蛇 – 半人马座超星系团环绕着巨引源，就像河北省环绕着北京市。所以，你可以把长蛇 – 半人马座超星系团理解成拉尼亚凯亚帝国的首都圈。

2. 室女座超星系团

这个 "省"，位于 "山谷" 西南面的山坡上。它的 "省会" 是拥有 2000 多个星系的室女座星系团。在室女座星系团的周边，还散布着 100 多个 "小城市"，其中就包括我们生活的 "城市"：本星系群。

3. 孔雀 – 印第安超星系团

这个 "省"，位于 "山谷" 西北面的山坡上。类似于室女座超星系团，孔雀 – 印第安超星系团这个 "省"，也是以 "小城市" 为主。

4. 南方超星系团

这个最晚发现的"省",位于"山谷"南面的山坡上。它最主要的特征,是有一堵颇为壮观的"南极墙"。

把这 4 个"省"连在一起的"道路",就是引力。你可以把引力想象成蜘蛛丝。由于引力的存在,这 4 大"省"就连成了一张巨大的蜘蛛网,进而覆盖了拉尼亚凯亚"帝国"的整个山谷。一张覆盖山谷的巨大蜘蛛网,这就是拉尼亚凯亚超星系团的全貌(图 3.17)。

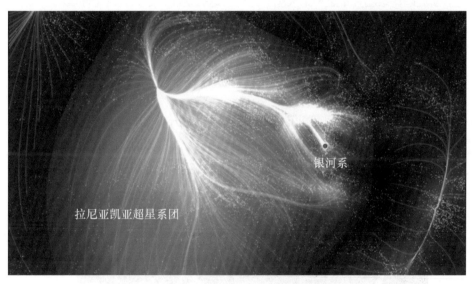

图 3.17 拉尼亚凯亚超星系团全貌

我们已经介绍了拉尼亚凯亚超星系团的庞大帝国。这个帝国的"首都",是与地球相距 2.2 亿光年的"巨引源"。此外,这个帝国还拥有横跨 5.2 亿光年的辽阔疆域,以及 10 多万个星系。

这么庞大的帝国,肯定能算是宇宙中的一方霸主了吧?很遗憾,答案是否定的。

欲知详情,请听下回分解。

3.4 **为什么说霍格天体是宇宙中最神秘的星系？**

现在我们已经知道，我们居住的"国家"叫拉尼亚凯亚超星系团。不过，拉尼亚凯亚超星系团并不是一个大国。为什么这么说呢？总共有两个原因。

第一个原因是，拉尼亚凯亚超星系团并不是引力束缚系统。举个例子。与地球相距 6.5 亿光年的沙普利超星系团，就对拉尼亚凯亚超星系团中的诸多星系产生了很大的影响力。事实上，天文观测表明，整个拉尼亚凯亚超星系团都在向沙普利超星系团靠近。

第二个原因是，拉尼亚凯亚超星系团本身也是一个更庞大的天体结构的一部分。这个更庞大的天体结构也是由我们的老朋友、夏威夷大学的塔利教授发现的，它叫双鱼－鲸鱼超星系团复合体（图 3.18）。这是由 5 个"国家"组成的一个"国

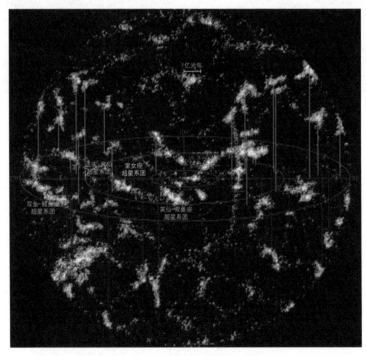

图 3.18　双鱼－鲸鱼超星系团复合体

家联盟",其盟主是双鱼 - 鲸鱼座超星系团,其
他成员还包括英仙 - 双鱼座超星系团、飞马 - 双
鱼座超星系团、玉夫 - 武仙座超星系团以及拉尼
亚凯亚超星系团。

塔利的观测结果表明,双鱼 - 鲸鱼超星系团
复合体大概有 10 亿光年长、1.5 亿光年宽,其总
质量约为太阳质量的 1×10^{18} 倍,也就是室女座
超星系团的 1000 倍。

双鱼 - 鲸鱼超星系团复合体的疆域如此辽阔,
根本不可能全部逛完。所以,我们只游览其中最
独特也最有名的景点,那就是所谓的霍格天体。

霍格天体是由美国天文学家亚瑟·霍格
(图 3.19)在 1950 年发现的。当时,他还是一
名哈佛大学的博士研究生。

图 3.19　亚瑟·霍格

与地球相距 6 亿光年的霍格天体(图 3.20),堪称宇宙中最奇异的星系。在
它的中心,有一个直径约为 24 000 光年的黄色内核。而在黄色内核之外,还有
一个由恒星、尘埃和气体组成的蓝色圆环。这个圆环的外环宽度约为 12 万光年,
比银河系直径要大一些。至于黄色内核与蓝色圆环之间,则存在着明显的割裂。具
有这种形态的星系,后来被人们称为环形星系。霍格天体就是最典型的环形星系。

图 3.20　霍格天体

之前讲过，天上的星系主要分为螺旋星系、椭圆星系和不规则星系这三大类。很明显，环形星系不属于螺旋星系或椭圆星系。此外，环形星系也不属于不规则星系，因为它的形状非常规则。而天文观测表明，环形星系在全部星系中所占的比例，还不到 0.1%。

那么问题来了：霍格天体为什么会有一个神秘的圆环？

霍格本人的回答是，这是一种视觉上的错觉。之所以会造成这种错觉，是由于引力透镜效应。

什么是引力透镜效应呢？图 3.21 就展示了引力透镜的基本原理。我们在之前的太阳系之旅中讲过，大质量的天体能依靠强大的引力，让从其附近路过的光线发生弯曲。如果在地球和某遥远天体之间存在一个星系（即前景星系），且三者处于同一条直线上，那么遥远天体发出的光就会被前景星系弯折，并最终汇聚到地球。如果把遥远天体视为光源，前景星系就相当于一个凸透镜，而地球就是这个凸透镜的焦点。因为前景星系靠自身引力起到了一个太空凸透镜的作用，所以这种前景星系造成后方天体光线弯折的现象，就被称为引力透镜效应。

图 3.21　引力透镜的基本原理

引力透镜效应会对我们在地球上拍摄的照片造成怎样的干扰呢？根据前景星系的质量大小，大致可以分为两种情况。

第一种情况，前景星系的质量不太大，引力也不太强。此时从地球上观测，将无法看到被前景星系遮挡的遥远天体；但会发现，前景星系的图像边缘出现了明显的扭曲和变形（图 3.22）。这就是所谓的弱引力透镜效应。

图 3.22　前景星系图像边缘出现扭曲变形

第二种情况，前景星系的质量非常大，引力也非常强。此时后方遥远天体发出的光，就能像图 3.21 中展示的那样直接绕过前景星系，然后汇聚到地球上。这意味着，从地球上观测，就会看到后方天体的虚像。这就是所谓的强引力透镜效应。

比 如 说， 在 1985 年， 天 文 学家们就发现了著名的爱因斯坦十字（ 图 3.23 ）。图中处于最中心位置的亮斑，就是前景星系的实像；而环绕着前景星系的那 4 个亮斑，全是后方遥远天体的虚像。爱因斯坦十字就是强引力透镜效应的一个最典型的例子。

从理论上讲，如果前景星系的质量再大一些，还会出现更诡异的景象，也就是所谓的爱因斯坦环（图 3.24）。此时在前景星系的周围，会出现一个环形

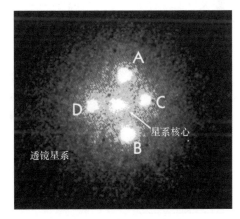

图 3.23　爱因斯坦十字

的结构；而整个环形结构，都是后方遥远天体的虚像。

图 3.24 爱因斯坦环

霍格猜想，他发现的霍格天体，本质上是一个爱因斯坦环。那个美丽的蓝色圆环，就是后方遥远天体的虚像。

但是很遗憾，这个看似合理的猜想其实是错的。

为什么说霍格的猜想是错的呢？关键在于黄色内核和蓝色圆环的红移。

要产生引力透镜效应，需要一个先决条件：前景星系和后方天体到地球的距离不同。这意味着，前景星系和后方天体必然有不同的红移[①]。也就是说，如果霍格天体的蓝色圆环真的是后方天体的虚像，那么黄色内核和蓝色圆环就一定会有不同的红移。

但实际的天文观测表明，霍格天体的黄色内核和蓝色圆环的红移是完全相同的。这意味着，黄色内核和蓝色圆环到地球的实际距离，是完全相同的。换言之，黄色内核和蓝色圆环并不是前景星系和后方天体的关系。两者其实是一体的。

这就很诡异了。一个好端端的星系，为什么会凭空变出一个巨大的圆环？

为了解释霍格天体的神秘圆环，天文学家们提出了不少的猜想。下面，我就介绍两个比较有影响力的猜想。

———————————

① 红移反映了天体远离地球的速度。4.1 节会讲到，遥远天体的距离和速度是正相关的。所以不同的距离必然会有不同的红移。

第一个猜想是，霍格天体的蓝色圆环起源于一个星系碰撞事件。曾经有一个小星系，像炮弹一般从霍格天体原星系的正中心穿了过去。此过程有点像一个石子落入水池，会产生一个向外扩散的圆形冲击波（图 3.25）。这个圆形冲击波会把霍格天体原星系的外围物质抛出去，进而形成一个外围的圆环结构；它也诱发了外围物质的恒星形成过程，所以才会产生大量的蓝色新星。

图 3.25　圆形冲击波

这个猜想看起来很合理。因为星系碰撞本来就是塑造星系形态的最核心的力量。但是问题在于，如果这个猜想是正确的，那么就应该能在离霍格天体不太远的地方，找到那个"肇事"的小星系。不过，多年以来，人们一直没有找到可能的候选者。正因为如此，这个猜想并没有得到广泛的认可。

第二个猜想是，霍格天体的蓝色圆环起源于一个棒旋星系的散架。棒旋星系就是像银河系这样的星系。它形如一个大圆盘，中间有棒状结构，外围有几条旋臂。在某些特殊的情况下，棒旋星系中心的引力无法维持外围旋臂的稳定存在。这样一来，这些旋臂就会逐渐散架，最终扩散成一个圆环的结构。

但这个猜想也备受质疑。有人指出，如果霍格天体的前身真的是一个棒旋星系，那么它的核心就应该是棒状结构，而不是现在看到的球状结构。所以，此猜想也没有得到认可。

尽管已经有不少理论猜想，但是霍格天体的真面目，依然隐藏在迷雾中。

有意思的是，尽管霍格天体已经是宇宙中最神秘的星系，但在它的内部，居然还有一个小型"霍格天体"（图 3.26）。

图 3.26　小型"霍格天体"

这个小型"霍格天体"到底是什么？目前没有能够解释它的理论。
但是，这个环中之环，它就在那里。

3.5 人类目前发现的最大天体结构是什么？

上节我们介绍了疆域超过 10 亿光年的"国家联盟"，即超星系团复合体。但即使是这样的庞然大物，却依然不是人类发现的最大天体结构。那么，人类发现的最大天体结构到底是什么呢？答案是"星系长城"。

人类发现"星系长城"的故事，得从一个在之前的银河系之旅中多次出现的学术机构，也就是哈佛大学天文台（图 3.27），说起。

图 3.27　哈佛大学天文台

哈佛大学天文台于 1839 年成立，并于 19 世纪 80 年代全面崛起。在传奇人物爱德华·皮克林的带领下，一支完全由女性构成、名为"哈佛计算员"的研究团队，花了整整 40 年的时间，完成了对天上恒星的光谱分类。她们提出的哈佛恒星分类，一举奠定了恒星物理的基石。此外，一位失聪的哈佛计算员，也就是亨丽爱塔·勒维特女士，单枪匹马地发现了一种测量遥远天体距离的方法，即标准烛光。这个发现，也宣告了现代宇宙学的诞生。由于这两个重大发现，哈佛大学天文台一跃成为世界天文学研究的圣地。

皮克林于 1919 年去世。随后，我们的老朋友哈罗·沙普利接任哈佛大学天文台台长。作为哥白尼日心说的掘墓人，沙普利在哈佛任职期间培养了一大批博士 [①]，这让哈佛大学天文台的辉煌得以延续。

到了 1952 年，沙普利也退休了。在此后 20 多年的时间里，由于没有自己的王牌观测项目，哈佛大学天文台一直没能吸引到顶级的天文学家来出任台长。因此，它与如日中天的威尔逊山天文台和帕洛玛山天文台渐行渐远。

不过，永远不要低估一颗冠军的心。20 世纪 70 年代，哈佛大学天文台开始"自救"。首先，它与邻近的史密松天文台合并，成立了哈佛－史密松天体物理中心（Center for Astrophysics，CfA）。然后，CfA 的 4 位天文学家（马克·戴维斯、约翰·修兹劳、戴夫·莱瑟姆和约翰·托尼）开始全力推动一个大型的天文观测项目，那就是 CfA 红移巡天。CfA 红移巡天的核心目标是研究宇宙的大尺度结构，进而绘制出近邻宇宙的三维地图。

怎么才能绘制近邻宇宙的三维地图呢？首先，以银河系为中心，建立一个二维球坐标系；这样就可以类比地球的经度和纬度，用银经和银纬来标记每个星系在天球上的方位。然后，在北半球的天区（CfA 当时只有两台位于北半球的望远镜）搜寻亮度超过 14.5 等星的星系 [②]，并测量这些星系的红移。这样一来，就可以绘制反映这些星系银经、银纬和红移信息的三维地图了。

CfA 红移巡天分为两个阶段：第一阶段是 1977—1982 年，测量了 2400 个亮星系的红移。第二阶段是 1985—1995 年，测量了 18 000 个亮星系的红移。图 3.28 展示了 CfA 红移巡天最终绘制出的三维地图。图中的每个点都代表一个星系，不同的颜色表示不同的星系运动速度（运动速度与红移是一一对应的关系）。红色表示速度小于 3000 千米／秒，蓝点表示速度介于 3000~6000 千米／秒之间，紫色表示速度介于 6000~9000 千米／秒之间，青色表示速度介于 9000~12 000千米／秒之间，而绿色表示速度介于 12 000~15 000 千米／秒之间。这是人类历史上首次绘制出近邻宇宙的三维地图。

知道了什么是 CfA 红移巡天，我们就可以进入正题了。

1989 年，CfA 红移巡天项目创始人之一的美国天文学家约翰·修兹劳

---

① 按照沙普利自己的说法，当时美国的天文学博士，差不多有一半都是他的门徒。

② 对星等的概念感兴趣的读者，可以参阅我之前写的《宇宙奥德赛：穿越银河系》一书的 2.1 节。

（图 3.29）通过分析第二阶段 CfA 红移巡天（简称 CfA2）数据，做出了一个轰动天文学界的发现。

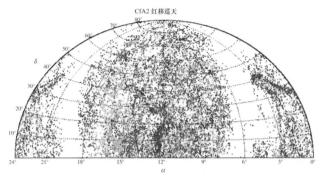

图 3.28　CfA 红移巡天绘制的三维地图　　　图 3.29　约翰·修兹劳

修兹劳等人发现，在北半球天区存在着一个星系高度密集的区域（图 3.30，包括 1000 多个亮星系）。此区域长 5 亿光年、宽 3 亿光年、厚 1500 万光年。分布在此区域中的星系，速度全都介于 5000~10 000 千米 / 秒之间。这片星系高度密集的区域，后来被人们称为"CfA2 长城"。

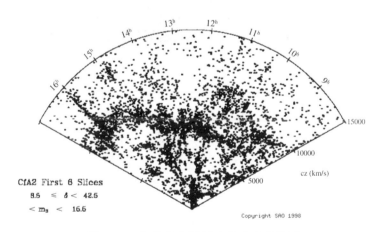

图 3.30　北半球天区星系高度密集区域

CfA2 长城是人类历史上发现的第一个星系长城。后来，沿用 CfA 开创的红移巡天的思路，天文学家们发现了更多、更壮观的星系长城。

举几个最有名的例子。

2000 年，天文学史上最著名的观测项目之一，斯隆数字巡天（Sloan digital

sky survey，SDSS），开始了它的传奇旅程。SDSS 使用位于新墨西哥州阿帕奇山顶天文台的 2.5 米口径望远镜（图 3.31）来进行大规模的红移巡天工作。其巡天目标不再局限于亮星系，还包括超新星和类星体。在之后 20 多年的时间里，SDSS 的红移巡天工作进行了 5 个阶段，分别是 SDSS-I（2000—2005年）、SDSS-II（2005—2008 年）、SDSS-III（2008—2014 年）、SDSS-IV（2014—2020 年）以及 SDSS-V（2020 年后）。时至今日，SDSS 已经释放了 17 批红移巡天数据，其中包含上百万个天体的信息。

图 3.31　阿帕奇山顶天文台 2.5 米口径望远镜

2003 年，一群美国的天文学家通过分析 SDSS-I 的亮星系数据，发现在离地球 10 亿光年外的地方，存在着一个由上万个亮星系组成的星系密集区域，其长度能达到 14 亿光年。这个星系密集区域就是著名的斯隆长城。图 3.32 就展示了斯隆长城和 CfA2 长城的相对大小。

斯隆长城并非 SDSS 项目发现的唯一的星系长城。2012 年，一个英国的研究团队通过分析 SDSS-III 的类星体数据，发现在狮子座的附近，存在着一个由73 个类星体组成的超大型结构，其长度能达到 40 亿光年。这就是所谓的巨型超大类星体群（图 3.33）。

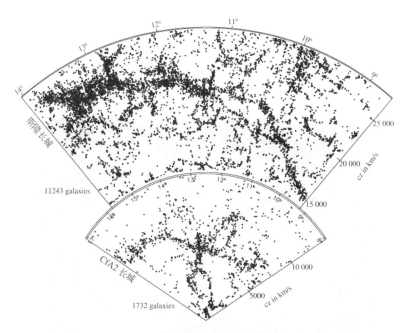

图 3.32　斯隆长城和 CfA2 长城相对大小

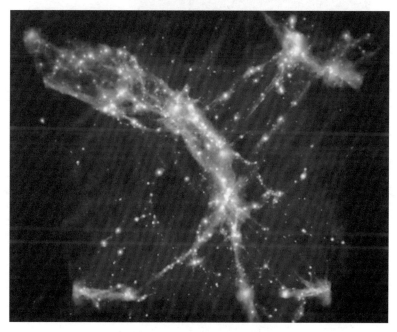

图 3.33　巨型超大类星体群

而在 2013 年，一群天文学家通过分析 1997—2012 年间的伽马暴巡天数据，发现在武仙座和北冕座方向、离地球 100 亿光年外的地方，存在着一个伽马暴特别密集的区域。要想支撑数量如此之多的伽马暴，这片区域内就必须包含几百万个星系。这片空间区域，后来就被人们称为武仙 – 北冕座长城（图 3.34）。

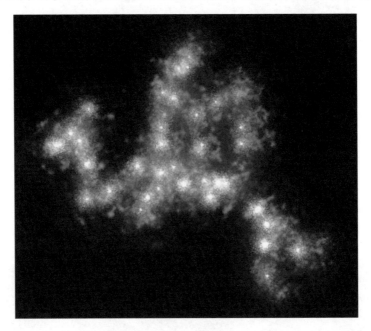

图 3.34　武仙 – 北冕座长城

武仙 – 北冕座长城到底有多庞大呢？答案是，其长度能达到恐怖的 100 亿光年，已超过整个可观测宇宙的 1/10。这个真正意义上的巨无霸，就是人类目前发现的最大天体结构。

我们已经介绍完了星系长城。为了便于理解，你可以把星系长城当成是宇宙中的"大洲"。那么，众多"大洲"又将构成一幅怎样的宇宙图景呢？答案是宇宙网。

在几十亿上百亿光年的尺度上，宇宙呈现出了网状的结构，这就是所谓的宇宙网（图 3.35）。

说得更具体一点。众多的星系长城，汇聚成了形状各异的纤维状结构。而在这些纤维状结构之间则是巨大的空隙，也就是所谓的宇宙空洞。目前发现的最大宇宙空洞，是用它的 3 位发现者瑞恩·基南（Ryan Keenan）、艾米·巴格（Amy

Barger）和伦诺克斯·老伊（Lennox Cowie）的姓氏首字母命名的 KBC 空洞（图 3.36）。这个 KBC 空洞大致呈球形，其直径约为 20 亿光年。我们居住的"国家"，即拉尼亚凯亚超星系团，就位于这个 KBC 空洞的边缘。

图 3.35　宇宙网

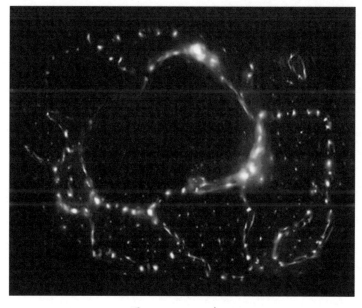

图 3.36　KBC 空洞

　　宇宙中绝大多数的空间区域都是空洞。所以从大尺度的角度来看，宇宙很像一个内部有一堆洞的"瑞士奶酪"。那么，这个"瑞士奶酪"到底有多大呢？此问题的答案将在下一章的旅程中揭晓。

04
可观测宇宙

在本书的前三章，我们已经游览了自己居住的"城市""省"和"国家"。那么在本书的最后一章，我们将游览自己居住的"星球"，即可观测宇宙（图4.1）。

图 4.1　可观测宇宙

什么是可观测宇宙呢？答案是我们在地球上所能看到的最远的宇宙。你可以把可观测宇宙想象成一个以地球为圆心、直径为 930 亿光年的大圆球。在这个大圆球之外，还有其他的空间和天体。只不过，可观测宇宙之外天体发出的光，永远都无法到达地球。

你或许会觉得奇怪了：为什么可观测宇宙之外天体发出的光永远都无法到达地球？

在接下来的旅程中，我们就将揭开其中的奥秘。

4.1 人类如何发现宇宙在膨胀?

此前留下了一个疑难问题: 为什么可观测宇宙之外天体发出的光永远都无法到达地球?

答案是, 因为宇宙在膨胀。

为了讲清楚其中的道理, 先做一个类比。想象一个巨大的气球, 上面有一只小蚂蚁, 正以光速在气球表面爬行。如果气球静止不动, 那么蚂蚁就能到达气球表面的任意位置; 换句话说, 蚂蚁能看到气球表面的全貌。但如果气球本身也在以光速膨胀, 那么蚂蚁就无法保证到达气球表面的任意位置了; 这意味着, 蚂蚁只能看到以其所在位置为中心的一小块区域。蚂蚁能看到的这一小块区域, 就是它的"可观测气球表面"。

同样的道理, 如果宇宙本身也在膨胀, 我们就只能看到以地球为中心的一小块宇宙区域, 也就是可观测宇宙。

那么问题来了: 人类到底如何发现宇宙在膨胀?

天文爱好者可能会脱口而出:"这还用问吗? 宇宙膨胀是美国大天文学家哈勃在 20 世纪 30 年代初发现的。"

但我要告诉你的是, 真实的历史并没有这么简单。

推倒第一张多米诺骨牌的人其实并不是哈勃。此人在我们之前的旅行中曾露过一面。他就是美国天文学家维斯托·斯里弗 (图 4.2)。

1914 年, 斯里弗基于之前讲过的多普勒效应, 提出了一种测量星系径向速度的新方法。他用这种新方法研究了 15 个随机选取的

图 4.2 维斯托·斯里弗

螺旋星云，然后惊讶地发现，这 15 个随机选取的螺旋星云都在远离地球而去。

这是人类首次观察到宇宙膨胀的迹象。从这个意义上讲，斯里弗才是发现宇宙膨胀的第一人。

在 1914 年的美国天文学年会上，斯里弗做了一个报告，介绍了自己的发现。报告结束后，全场的天文学家都起立鼓掌，其中就包括当时刚刚成为芝加哥大学博士生的哈勃。

不过，斯里弗后来的学术之路却遍布荆棘。

斯里弗任职的罗威尔天文台，当时只有一台口径为 0.6 米的反射式望远镜。口径如此之小的望远镜，根本无法看到远处的暗淡天体。按理说，罗威尔天文台应该尽快添置口径更大的望远镜。但是 1916 年，罗威尔因病逝世。随后他的遗孀为了争夺遗产，跳出来和天文台打了一场长达 10 年的官司。在这 10 年间，天文台的运营大受干扰，添置新望远镜的计划也被迫搁浅。"巧妇难为无米之炊。"斯里弗就这样退出了竞争的行列。

正所谓"工欲善其事，必先利其器"。要想取得最具革命性的天文学突破，还是要靠最大、最先进的天文望远镜。当时全世界最大、最先进的天文望远镜在哪里呢？答案是美国威尔逊山天文台。

20 世纪 20 年代，威尔逊山天文台最耀眼的明星，就是我们的老熟人哈勃（图 4.3）。之前讲过，他利用标准烛光，发现银河系只是一个小小的宇宙孤岛。

图 4.3 哈勃

这让他一飞冲天，30 多岁就当选为美国科学院院士和英国皇家学会外籍院士。

1928 年，哈勃在欧洲开会期间，听到了用多普勒效应测量遥远星系速度的最新进展。这唤起了他 14 年前听斯里弗学术报告的回忆。哈勃随即想到这样的问题：遥远星系的径向速度与它们到地球的距离之间，到底有什么关系？

回到威尔逊山天文台后，哈勃开始研究这个问题。测量星系距离，一直是哈勃的拿手好戏；但是测量星系径向速度，哈勃就不太熟悉了。所以，他决定找一个熟悉星系速度测量的助手。他找的这个助手，叫米尔顿·赫马森（图4.4）。

赫马森的早年经历异常坎坷。由于家庭原因，他14岁就辍学了。为了谋生，他打过各种零工。1908—1910年，他受雇于威尔逊山天文台，其工作是赶着一支驴队，把建筑材料和物资送上威尔逊山，以支持天文台的建设。在此期间，他认识了一个天文台工程师的女儿，并和她结了婚。1917年，在岳父的推荐下，赫马森当上了威尔逊山天文台的看门人。

图4.4 米尔顿·赫马森

尽管出身不好，赫马森却很有上进心。每天晚上，他都会去找天文台的工作人员学习天文摄影技术。没过多久，他就可以独当一面了。

后来，赫马森用猎枪打死了一只偷吃他岳父的山羊的美洲狮，这让他在威尔逊山天文台出了名。他的天文摄影才能，也逐渐引起我们的老熟人沙普利的注意。

沙普利决定，让赫马森来做自己的观测助手。赫马森抓住了这次机会，表现让沙普利十分满意。1920年，在沙普利的强力推荐下，只有小学学历的赫马森被任命为威尔逊山天文台的正式职员，到了1922年，他又被破格提拔为助理天文学家。

但没受过高等教育，还是给赫马森的学术生涯蒙上了一层阴霾。由于基础不牢和命运不济，他曾两次与重大发现失之交臂。

第一次发生在1919年。当时，受一位天文学家的启发，赫马森开始在一个特定的天区搜索太阳系的第九颗行星，并且拍摄了一大堆的照片。他对第九颗行星的搜索，最后以失败告终。到了1930年，也就是冥王星被发现的那一年，赫马森的两个朋友重新检查了他之前拍摄的照片。结果发现，赫马森早在11年前就已经拍到了冥王星；但悲剧的是，他自己没认出来，所以就丢掉了冥王星之父的殊荣。

第二次发生在1920年。那年夏天，赫马森在仙女星云中发现了几个很异常的天体：其亮度会出现周期性的变化。这让他不禁怀疑，自己找到了仙女星云中的造父变星。这个发现，比哈勃在仙女星云中找到造父变星，进而确定仙女星云不在银河系内的历史性突破，要早好几年。兴奋不已的赫马森，立刻标记了这些异常星在仙女星云中的位置，并把结果拿给了沙普利去看。但不幸的是，坚信银河系是宇宙全部的沙普利，对赫马森的发现根本不屑一顾。他先是盛气凌人地向赫马森解释为什么这些异常星不是造父变星，随后拿出手帕把所有数据抹掉。在这个大权威面前，赫马森没敢坚持自己的想法。这样一来，他就与 20 世纪最重要的天文发现之一擦肩而过。

1928 年，赫马森等到了自己的第三次机会。那年，从欧洲归来的哈勃把赫马森叫到了自己的办公室，邀请他一起研究遥远星系径向速度与它们到地球距离之间的关系。两人决定分工合作。赫马森利用多普勒效应，测量遥远星系的运动速度；哈勃则基于标准烛光，测量这些星系到地球的距离。

1928 年末，赫马森开始了他的测量工作。测量的第一个目标，赫马森故意挑选了一个离地球很远、让斯里弗鞭长莫及的河外星云。为了拍摄这个河外星云的光谱，赫马森在威尔逊山天文台上度过了两个寒冷的夜晚。结果显示，这个河外星云的光谱确实发生了很大的红移。也就是说，它确实在以很高的速度远离地球而去。

赫马森马上给正在焦急等待的哈勃打了电话。听到此消息的哈勃立刻跑回办公室，对赫马森的观测结果进行核对。最后哈勃证实，这个星云正在以 3000 千米 / 秒的速度远离地球。这个数字比斯里弗发现的星系径向速度的最高纪录，还要大整整 1.5 倍。

这次观测，后来被哈勃称为赫马森的"星团奇遇"。

到了 1929 年，哈勃和赫马森已经测量了 46 个星系的距离和速度。结果显示，所有的星系都在远离地球。由于其中一大半的星系数据都存在着很大的误差，哈勃只采用了那些他特别信任的数据。基于这些星系的观测数据，哈勃发表了一篇名为《河外星云距离与其径向速度的关系》的论文。

但是，这篇划时代的论文并没有把赫马森列为作者。正因为如此，赫马森后来并没有获得自己应得的荣誉和认可，而仅仅被视为"哈勃背后的男人"。

这段诡异的历史完全可以套用一句中文歌词："明明是三个人的电影，我却始终不能有姓名。"

这篇论文的核心结论见图 4.5。此图横轴代表星系到地球的距离，其单位是百万秒差距（100 万秒差距约等于 326 万光年）；而纵轴代表星系的径向速度，其单位是千米/秒。图中的众多圆点，代表哈勃和赫马森测量的那些星系。从图中可以看出，星系的径向速度与它到地球的距离正相关：星系离地球越远，它的退行速度（即远离地球的速度）就越大。

哈勃的数据（1929）

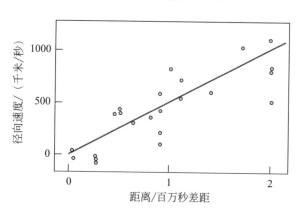

图 4.5　星系径向速度与到地球距离的关系

但是正相关仅仅是一个定性的结论。要从定量的角度确定此图中星系退行速度与它们到地球距离之间的数学关系，就没那么容易了。此时的哈勃展现了他惊人的洞察力。他在图中画了一条穿过数据点的直线，然后宣称星系的退行速度正比于它们到地球的距离。

单纯看图 4.5，哈勃的结论完全是个人臆想。但是历史最后证明了哈勃的洞见。

此后两年，哈勃和赫马森一直在测量更遥远星系的速度和距离。他们找到的最遥远的星系，其退行速度高达 20 000 千米/秒，而距离则超过 1 亿光年。1931 年，哈勃与赫马森合写了一篇名为《河外星云的速度－距离关系》的论文。这篇论文的核心结论见图 4.6。这回，星系的观测数据与哈勃画的直线完美契合。

星系的退行速度与它们到地球的距离成正比。这个结论被人们称为哈勃定律。正是由于这条哈勃定律，人类终于意识到宇宙在膨胀。毫无疑问，这是天文学史上最伟大的发现之一。

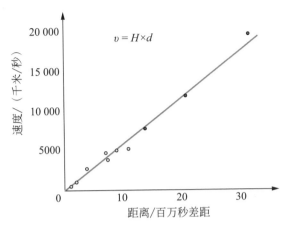

图 4.6　星系退行速度与到地球距离成正比

　　由于这个发现，哈勃再次登上了天文学界的群山之巅。他被后人称为"星系天文学之父"，并被视为历史上最伟大的天文学家之一。

　　至于赫马森，他最终沦为了众多哈勃传记中的一个小小的配角。

　　不过，哈勃并不是凭借宇宙膨胀的发现登上群山之巅的唯一一人。2018 年 10 月，经过数千位天文学家的表决，国际天文联合会决定把哈勃定律更名为哈勃 - 勒梅特定律。

　　哈勃定律为什么会被更名？这个勒梅特又是何方神圣？

　　欲知详情，请听下回分解。

4.2 人类如何发现宇宙有一个起点？

上一节讲到，国际天文联合会于 2018 年表决通过，把哈勃定律更名为哈勃－勒梅特定律。这是为了纪念一位比利时的天主教神父，他叫乔治·勒梅特（图 4.7）。

勒梅特参加过第一次世界大战，并因为作战英勇而获得过铁十字勋章。"一战"后他上了一所神学院，并于 1923 年被任命为天主教牧师。随后，他利用比利时政府提供的奖学金，先后前往剑桥大学、哈佛大学和麻省理工学院留学，并拿到了博士学位。

1925 年，在比利时鲁汶大学找到固定教职的勒梅特，开始研究一个非常艰深的课题，那就是爱因斯坦的广义相对论。

广义相对论是爱因斯坦一生中最伟大的理论。它已经超越了牛顿万有引力定律，成为目前世界上最主流的引力理论。

图 4.7 乔治·勒梅特

之前的太阳系之旅已经讲过广义相对论的核心物理图像。接下来，我们简单地回顾一下。

先做一个思想实验。想象一张非常平坦且弹性十足的大床垫，有一个小玻璃球在上面滚动。如果没有外力干扰，玻璃球会一直沿直线运动。现在把一个大铁球放在床垫上，它就会让床垫凹陷下去。如果此时玻璃球再从大铁球周围经过，其运动轨迹就会发生明显的改变。如果初速度足够大，玻璃球还能逃离这片洼地；但如果初速度比较小，它就会沿着被压弯了的床垫滚下去，最终撞上这个大铁球。

现在把床垫当成时空本身，把小玻璃球当成地球，把大铁球当成太阳（图 4.8）。广义相对论说的是，太阳的存在会把时空本身压弯，而时空弯曲对周边天体的影响，就等价于把这些天体拉向太阳的万有引力。换句话说，引力其实是一场幻觉。真正起作用的是大质量物体导致的时空弯曲，以及时空弯曲导致的物体加速度的改变。时空弯曲就是万有引力之源，这就是广义相对论最核心的思想。

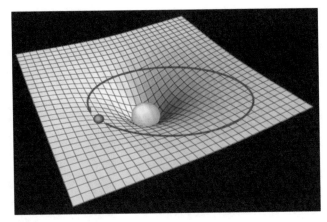

图 4.8　广义相对论的物理图像

回顾完广义相对论的物理图像，接下来我们介绍一下广义相对论最核心的数学公式，也就是图 4.9 中展示的爱因斯坦引力场方程。你不必知道这个方程的具体细节，只需要知道方程的左式描述了宇宙的时空结构，而方程的右式描述了宇宙的物质分布。所以美国物理学家约翰·惠勒认为广义相对论的本质是，"物质告诉时空如何弯曲，而时空告诉物质如何运动"。

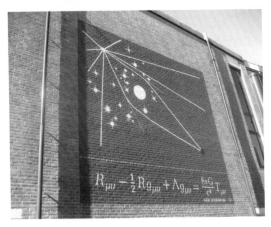

图 4.9　爱因斯坦引力场方程

重点来了。爱因斯坦最早写下这个引力场方程的时候，并不包括左式中的第三项。但他很快发现，在引力的作用下，宇宙将无法保持静止的状态。所以，爱因斯坦就在他的引力场方程中，引入了左式的第三项，也就是所谓的宇宙常数项。宇宙常数项能产生斥力，从而与引力达成平衡；这样一来，宇宙就可以处于永恒不变的静止状态。

这个处于永恒不变静止状态的宇宙，就是所谓的爱因斯坦宇宙。

勒梅特认为，爱因斯坦宇宙理论是非常可疑的。原因在于，宇宙常数项的引入极为突兀和随意，根本就没什么道理。所以他想搞清楚，如果去掉这个宇宙常数项，会对宇宙学有什么影响。

1927 年，勒梅特发表了一篇论文。这篇论文指出如果爱因斯坦引力场方程中没有宇宙常数项，那么宇宙就必须处于不断膨胀的状态，这就是所谓的宇宙膨胀假说。更为重要的是，勒梅特预言，如果宇宙确实在膨胀，那么星系退行速度就必须与它们到地球的距离成正比。这恰好就是哈勃于 1929 年发现的哈勃定律。

换句话说，早在哈勃发现哈勃定律的两年之前，勒梅特就已经从理论上把这个公式给推导出来了。这就是哈勃定律后来被更名为哈勃－勒梅特定律的核心原因。

1927 年，勒梅特在一次物理学会议上见到了爱因斯坦。他连忙凑到爱因斯坦身边，向这位科学巨人介绍了自己的宇宙膨胀假说。

结果，爱因斯坦完全不屑一顾。他告诉勒梅特：宇宙膨胀并不是什么新鲜事物；早在 5 年前，就已经有一个叫弗里德曼的俄国数学家提出了相同的假说[①]。而对这个宇宙膨胀假说，爱因斯坦的评价是："你的计算是正确的，但你的物理是可憎的。"

爱因斯坦的敌意和打压让勒梅特心灰意冷，而宇宙膨胀假说也被学术界打入了冷宫。

但万万没想到，短短两年之后，勒梅特就咸鱼翻身了。这是因为，哈勃和赫马森通过天文观测所发现的哈勃定律，竟然与勒梅特的理论预言一模一样。这样一来，勒梅特就得到了包括爱丁顿在内的一众学术界大佬的支持。最后，就连爱

① 勒梅特此前并不知道弗里德曼的研究工作。所以，宇宙膨胀假说是弗里德曼和勒梅特各自独立地提出的。

因斯坦都放弃了自己的静态宇宙模型，宣称引入宇宙常数项是他"一生中最大的错误"。①

我们已经讲完了人类发现哈勃－勒梅特定律的历史。哈勃－勒梅特定律总共揭示了两件事：第一，宇宙正处于不断膨胀的状态；第二，宇宙必须满足宇宙学原理。

宇宙学原理说的是，宇宙在大尺度结构上是均匀且各向同性的。均匀是指，宇宙中的物质是均匀分布的；而各向同性是指，宇宙在各个方向上看起来都一样。这意味着，对于宇宙中任意位置的观测者而言，无论是什么时间，或以何种角度，宇宙在大尺度上看起来都一样（图4.10）。

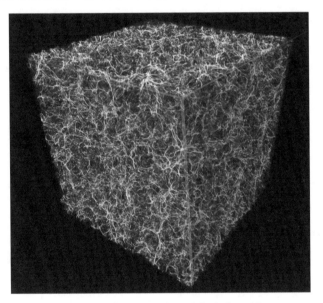

图 4.10　宇宙大尺度上看起来都一样

为了描绘这个宇宙图像，我来做一个类比。想象有一个小圆球，突然发生了爆炸。这场爆炸把圆球炸成了许多大小一样的碎块，随即呈球形向外飞散。然后你在任何一个向外飞散的碎块上，向位于球面上的其他碎块眺望（注意，你的视野始终局限在这个扩散的球面上，而无法望向其他的空间纬度）。这时，你看到的碎块不断飞散并互相远离的画面，就满足宇宙学原理。

---

① 诡异的是，到了20世纪末，情况竟然再次发生反转。以今天的眼光来看，宇宙常数不但不是爱因斯坦犯的错误，反而有可能是他最伟大的洞见。

在一个均匀且各向同性的宇宙中，所有的星系都在互相远离。这就是我们的宇宙正在放的电影。

勒梅特最早意识到，这部宇宙膨胀的电影可以倒着放。

现在，让我们再做一个思想实验：把这部宇宙电影在脑海中倒放。你会发现，所有的星系都在互相靠近。随着时间的不断推移，它们会变得越来越近，越来越近，最后汇聚到最初的一点。换言之，在过去的某个时刻，宇宙中所有的物质都聚在一起，完全密不可分。你可以把这个最初的时刻，定义为宇宙的起点[①]。

这个最早由勒梅特想到的物理图像，就是著名的宇宙大爆炸理论的雏形。

现在我们已经知道，哈勃－勒梅特定律揭示宇宙正在膨胀，而且宇宙会存在一个起点。既然宇宙有一个起点，那么它就必然会有一个自己的年龄。

现在问题来了：宇宙的年龄到底是多大呢？

欲知详情，请听下回分解。

---

① 这就是爱因斯坦当年极力反对宇宙膨胀假说的主因。他认为，宇宙存在一个起点的想法，实在是过于荒唐。

4.3 人类如何算出宇宙的年龄？

上一节讲到，哈勃－勒梅特定律揭示宇宙会存在一个起点。这样一来，宇宙必然会有一个自己的年龄。

可能有些读者已经知道，目前天文学家们普遍相信，宇宙的年龄应该是 138 亿年。

那么问题来了：138 亿年这个数字到底是怎么算出来的呢？估计绝大多数的读者就一头雾水了。

接下来，就先科普一下，人类到底如何算出宇宙的年龄。

为了便于理解，先打一个比方。有一个马拉松运动员，刚完成一场马拉松比赛，也就是跑完了 42.195 千米（图 4.11）。不过，没有人知道他开始跑步的时间。按目击者的说法，这个运动员的比赛过程可以分为 5 个阶段：第一阶段，运动员在加速跑；第二、三、四阶段，运动员以不同的减速度进行减速跑；第五阶段，运动员又做加速跑。现在要问，如何测出这个运动员完成整个比赛所花的时间？

图 4.11 马拉松比赛

我们来分析一下。马拉松比赛，运动员要跑的距离是固定不变的。所以要想测出运动员完成比赛所花的时间，就必须先知道运动员跑步速度的信息；或者说得更准确一点，必须先确定运动员的跑步速度随距离变化的函数。理论上，这是可以实现的。举个例子。可以在整条赛道上布满测速装置，从而测出运动员在赛道上任意一点的速度。

一旦知道运动员的跑步速度随距离变化的函数，他完成整个比赛的时间就很容易计算了。具体的计算方法是，我们可以把整条马拉松赛道均匀地划分成许多小区间。小区间的距离要分得足够短，保证运动员在每个小区间的速度都可以被视为常数；这样一来，就能算出运动员通过每个小区间所花的时间。把运动员通过小区间的时间全部加在一起，就可以算出运动员完成比赛所花的时间。从数学上讲，这其实是在算一个积分。

有了这个马拉松运动员的图像，宇宙年龄问题就很好理解了。

现在，你可以把马拉松运动员当成宇宙，把运动员的跑步速度当成宇宙的膨胀速度。宇宙的膨胀过程同样可以分为 5 个阶段，即暴涨、再加热、辐射统治、物质统治和暗能量统治阶段[①]。在暴涨阶段，宇宙做加速膨胀；在再加热、辐射统治和物质统治阶段，宇宙以不同的减速度做减速膨胀；在暗能量统治阶段，宇宙又重回加速膨胀的状态。

同样的道理，只要知道宇宙的膨胀速度随距离变化的函数，就能通过计算一个积分，来确定宇宙的年龄。

好了，我们已经介绍了计算宇宙年龄的基本物理原理。本质上，这是一个知道距离以及速度随距离的演化，然后求时间的数学问题。只要算一个简单的积分，这个问题就可以迎刃而解。

可能有部分读者，不满足于仅仅了解计算宇宙年龄的基本原理，还对具体的计算公式感兴趣。那我再讲深一点。

实际计算的时候，为了方便起见，人们往往会把距离换成红移。也就是说，计算时真正用到的，是宇宙的膨胀速度随红移变化的函数。宇宙膨胀速度是指由哈勃－勒梅特定律引入的哈勃参量 H（图 4.8），它是一个关于红移 z 的函数，即 $H(z)$。至于积分的上下两端，一端是宇宙创生时刻，其红移是正无穷；另一端是现在，其红移是 0。而最后的计算公式可以表示为：

---

① 由于篇幅所限，这里就不解释这几个专有名词的含义了。我们将在未来的宇宙时间之旅中，对它们进行详细的介绍。

$$t= \frac{1}{H_0} \int_0^\infty \frac{\mathrm{d}z}{(1+z)\sqrt{\Omega_m(1+z)^3+\Omega_r(1+z)^4+\Omega_{de}}}$$

为了简单起见，这就不讲这个公式的推导过程了，而只是讲讲它的具体含义。公式中的 t 就是我们要算的宇宙年龄，而 z 就是从星系光谱中看到的红移。H_0 叫作哈勃常数，它代表今天的宇宙膨胀速度。至于 Ω_m、Ω_r 和 Ω_{de}，则分别代表物质、辐射和暗能量目前在宇宙中所占的百分比。H_0、Ω_m、Ω_r 和 Ω_{de} 的大小，都能用天文观测来敲定。把最新的 H_0、Ω_m、Ω_r 和 Ω_{de} 的观测值带入上面的公式，就可以算出宇宙的年龄是 138 亿年。

说到这里，可能你的脑海中会浮现这样的疑惑：既然宇宙的年龄只有 138 亿年，那么可观测宇宙的直径为什么能达到 930 亿光年？这说明宇宙的膨胀已经超光速了吗？

答案是否定的。宇宙的膨胀并没有超光速。

为了讲清楚其中的道理，我还是借用一个之前已经用到过的比喻。一个气球，其表面有一只以光速爬行的小蚂蚁。如果这个气球是静止不动的，那么这只小蚂蚁在气球表面爬行 138 亿年后，其走过的路程就是 138 亿光年。但问题是，这个气球本身也在膨胀，而且也膨胀了 138 亿年。这样一来，蚂蚁走过的路程就被气球的膨胀撑大了，所以会远远大于 138 亿光年。

但在此过程中，并没有发生超光速的现象，当然也没有违背光速最快的物理学基本原理。[①]

还有一个值得讨论的问题：之前说过，宇宙必须满足宇宙学原理。也就是说，宇宙在大尺度结构上是均匀且各向同性的。但是天文观测表明，宇宙在很大的尺度上依然会呈现出一些特定的天体结构，例如横跨 100 亿光年、已经接近可观测宇宙直径 1/9 的武仙－北冕座长城。这难道说明宇宙学原理其实并不正确？

答案也是否定的。

原因在于，可观测宇宙并不是宇宙的全部。事实上，它可能只是整个宇宙很小的一部分。对可观测宇宙而言，100 亿光年就已经是很大的尺度了；而对整个宇宙而言，100 亿光年根本就微不足道。所以，在整个宇宙的层面上，宇宙学原

---

① 其实可观测宇宙的直径也是用一个涉及哈勃参量的积分算出来的，其数学表达式与宇宙年龄的计算公式非常相似。由于篇幅所限，这里就不详细介绍了。

理并没有被打破。这意味着，宇宙学原理依然可以与广义相对论一道，成为现代宇宙学的基石。

我们生活的这个可观测宇宙，是一个已经延续了 138 亿年、直径能达到 930 亿光年的巨大"星球"。那么问题来了：这个可观测宇宙中到底有多少个星系呢？

欲知详情，请听下回分解。

4.4 人类如何知晓可观测宇宙中到底有多少个星系？

上一节留下了这样一个问题：可观测宇宙中到底有多少个星系？很长一段时间，这一直是一个悬而未决的问题。直到 20 世纪 90 年代，人们才看到解决这个疑难问题的曙光。

先简单分析一下，这个问题到底难在哪里。

事实上，这个问题主要有两个难点：第一，很多星系离地球非常遥远，看起来非常暗淡，用普通的观测手段根本看不到；第二，天上的星系实在太多，根本没办法一个个地数。

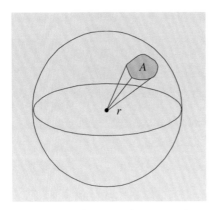

图 4.12　估算可观测宇宙星系总数的原理

不过在 20 世纪 90 年代，一群天文学家想到了一个很简单的破解之道。图 4.12 就展示了这个破解之道的原理。首先，要在天球面上找一块面积很小的区域。其次，用天文望远镜对这块区域进行长时间的观测，并把拍到的所有底片都叠加在一起，从而确定这块区域内的星系数量。最后，用这块区域内的星系数量，除以这块区域的面积占整个天球面的百分比，就可以算出可观测宇宙中星系的总数。

为什么能这样估算可观测宇宙的星系总数呢？原因在于，可观测宇宙满足宇宙学原理。宇宙学原理说的是，宇宙中的星系是均匀分布的，且宇宙在各个方向上看起来都一样。这样一来，就可以通过局部来推断整体。换句话说，只要知道天球面上一小块区域内的星系数量，就可以算出整个可观测宇宙的星系总数。

1995 年，这群天文学家开始付诸行动。那一年的 12 月 18 日，他们把哈勃空间望远镜（HST）指向了位于大熊座的一块看起来空无一物的区域（图 4.13）。

这块区域面积很小，仅占天球总面积的 2400 万分之一。为了能拍到特别暗的星系，他们对这块区域进行了累计 10 天的观测；这次观测所拍的底片被曝光了 342 次，并被叠加合成了一张照片。

图 4.13　大熊座空无一物的区域

　　图 4.14 展示了最后合成的那张照片。它就是著名的"哈勃深场"。让所有人都大跌眼镜的是，这么一块原本看起来空无一物的区域，竟隐藏着 3000 多个星系。用这个数字乘以 2400 万，就可以算出可观测宇宙的星系总数在 800 亿个以上。

　　这是人类历史上首次估算出可观测宇宙的星系总数。正因为如此，"哈勃深场"也成了 HST 最有名的科学发现之一。

　　基于同样的思路，后来天文学家们利用 HST，又拍了两张类似的照片。

　　2003 年 9 月到 2004 年 1 月期间，人们利用 HST 对大炉座的一块区域进行了累计 11.3 天的观测；这次观测所拍的底片被曝光了 800 次，并被叠加合成了一张照片。这张照片就是所谓的"哈勃超级深场"（图 4.15）。更长的观测时间和更多的曝光次数让大量原本无法看到的暗淡星系现出了原形。通过研究"哈勃超级深场"的照片，人们发现可观测宇宙的星系总数在 1200 亿以上。

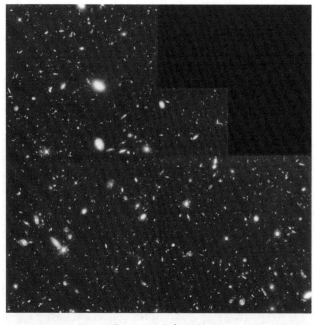

图 4.14　哈勃深场

图 4.15　哈勃超级深场

2012 年 9 月，NASA 又发布了"哈勃极端深场"的照片（图 4.16）。这回，天文学家们对"哈勃超级深场"内部的一块更小的空间区域，进行了累计 23 天的观测，总曝光时间超过 200 万秒。与"哈勃超级深场"的照片相比，"哈勃极端深场"中的星系数密度增大了 70%，从而让可观测宇宙的星系总数超过了 2000 亿。

图 4.16　哈勃极端深场

顺便多说一句。"哈勃极端深场"告诉我们，可观测宇宙中至少有 2000 亿个星系，而平均每个星系又至少包含 1000 亿颗恒星。所以，宇宙中至少有 2×10^{22} 颗恒星。这是什么概念呢？假如让地球上的 70 亿人都来数星星，且每人每秒能够数一颗，那么要想数完宇宙中所有的恒星，至少要花上 9 万多年。也就是说，70 亿地球人要从我们的智人祖先离开非洲大陆的时候开始数星星，然后一直不眠不休地数到今天，才能够把天上的恒星全部数完。

此后，"哈勃极端深场"一直保持着人类看到的最深宇宙的纪录。不过，这个纪录马上就要保不住了。

这是因为，现在有一个注定载入史册的天文学神器，它就是 HST 的继任者，詹姆斯·韦布空间望远镜（James Webb space telescope, JWST, 图 4.17）。

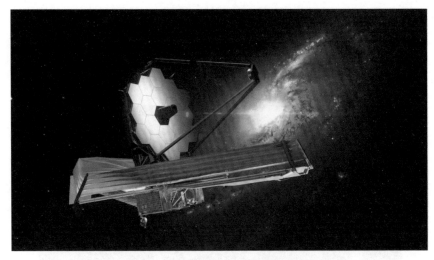

图 4.17　詹姆斯·韦布空间望远镜

JWST 是人类历史上最昂贵的天文望远镜，其造价超过 100 亿美元。作为迄今为止最大、最先进的空间望远镜，它的主镜直径达到了 6.5 米，由 18 片六边形镜片拼接而成。这样一来，与主镜直径仅为 2.4 米的 HST 相比，JWST 就有了非常明显的优势（图 4.18）。

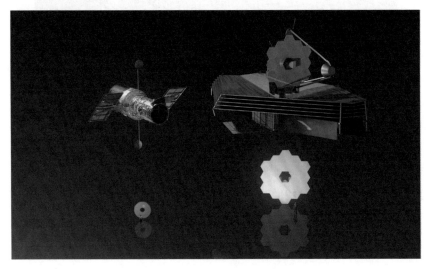

图 4.18　JWST 与 HST 尺寸比较

为了建造 JWST，人们使用了一大堆黑科技。这就举一个例子。为了保证天文观测的精度，JWST 的镜面必须被打磨得非常光滑。光滑到什么地步呢？如果把这个直径 6.5 米的镜子放大到和北美洲一样大，那么镜面上的凸起和凹陷不会超过一个人脚踝的高度。

为了解决层出不穷的技术难题，JWST 的发射时间比原计划推迟了整整 14 年；相应地，其经费预算也超支了整整 20 倍。正因为如此，JWST 也被人们戏称为天文学界的"鸽王之王"。

2021 年 12 月 25 日，JWST 从法属圭亚那库鲁航天中心发射升空。它花了一个月的时间才抵达自己的目的地，也就是与地球相距 150 万千米的第二拉格朗日点（图 4.19）。

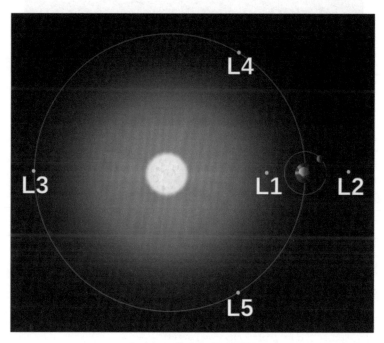

图 4.19　第二拉格朗日点

2022 年 7 月 12 日，NASA 公布了 JWST 拍摄到的首批科学图像。其中第一张公布的照片，就是下面的"韦布第一深场"（图 4.20）。

图 4.20　韦布第一深场

　　"韦布第一深场"的照片是怎么拍出来的呢？答案是，天文学家们盯上了一个与我们相距 40 多亿光年、名为 SMACS 0723 的星系团，并利用 JWST 对它周围的一小块区域进行了累计 12.5 小时的观测；这次观测所拍的底片经多次曝光后叠加在一起，就有了这张照片。

　　值得一提的是，HST 拍的那三张宇宙深场照片，全都基于可见光的观测。而 JWST 拍的"韦布第一深场"，则基于红外光的观测。

　　由于观测时间较短，"韦布第一深场"尚未打破"哈勃极端深场"保持的最深宇宙图像的纪录。但是鉴于 JWST 强大的观测能力，打破纪录也只是早晚的事。

　　可以预见的是，JWST 能看到不少 HST 看不到的特别暗淡的星系。所以，人类估算出的可观测宇宙中的星系总数，还会进一步的增加。有一些天文学家猜测，可观测宇宙中的真实星系数量，大概能够超过 10 000 亿个。

　　存在了 138 亿年，横跨 930 亿光年，拥有上万亿个星系。这就是我们生活的宇宙。

4.5　这场宇宙空间之旅能看到怎样的风景？

　　我们已经完成了宇宙奥德赛之旅前半段的旅程，即宇宙空间之旅（图 4.21 的右半边）。这趟宇宙空间之旅从地球出发，先后游历了以太阳系为代表的行星世界、以银河系为代表的恒星世界，以及本书所聚焦的星系世界。在这趟旅程结束之前，让我们来回顾一下旅途中最重要的景点。

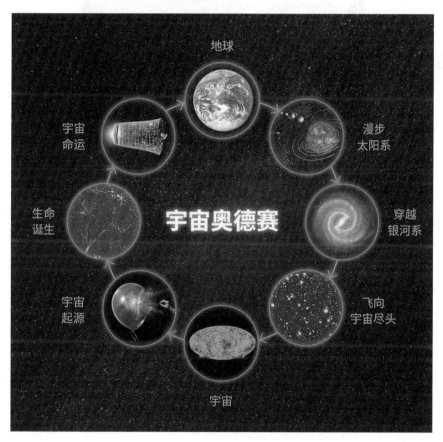

图 4.21　宇宙奥德赛之旅

不妨把这趟宇宙空间之旅当成一部关于宇宙的纪录片。下面，就将从这部纪录片中截取几个最有代表性的画面。

（1）地球，一个直径为 12 742 千米的"玻璃珠"（图 4.22）。

图 4.22　地球

已经存在了 45.5 亿年、质量约为 6×10^{24} 千克的地球，是我们生活的家园。由于拥有合适的位置、质量和内部活跃程度，地球得以长期保有海洋、大气和磁场。海洋为生命诞生提供了舞台，大气阻止了海洋的蒸发，而磁场又保护了大气层的稳定。三者的共同作用，让地球变成了一个非常美丽的生命绿洲。就人类目前所知，它也是唯一一个拥有生命的星球。

（2）太阳系，一栋方圆 1 光年（1 光年 ≈ 9.46×10^{12} 千米）的"别墅"（图 4.23）。

盘踞在太阳系正中心的，是唯一的恒星太阳，其质量能达到 2×10^{30} 千克，占太阳系总质量的 99.86%。正因为如此，太阳系内的所有其他天体都必须臣服于它，并且周而复始地围绕它旋转。

太阳系一共有八环，从内到外依次是水星、金星、地球、火星、木星、土星、天王星和海王星。里面的 4 个都是岩质行星，也就是以硅酸盐岩石为主要成分的

图 4.23　太阳系

行星；而所有岩质行星的中心，又有一个以铁为主的金属内核。外面的 4 个都是气态行星，也就是最外层区域由气体构成的行星；所有气态行星的中心，同样有由岩石和金属所构成的坚固内核。

太阳系内还有两个小行星聚集的区域，一个是位于四环和五环间的小行星带，另一个是位于八环以外的柯伊伯带。曾是太阳系第九大行星的冥王星，就位于这个柯伊伯带。柯伊伯带之外，还有一个包裹着太阳系、直径约为 1 光年的神秘球状云团，叫作奥尔特云，它是很多长周期彗星的故乡。

（3）银河系，一个直径 10 万光年的"城区"（图 4.24）。

盘踞在银河系正中心的，是一个质量能达到太阳质量 400 多万倍的巨大黑洞，人马座 A*。在它的周围有一个长度约为 1 万光年的棒状区域，是一个正在孕育新生恒星的育婴室。中心黑洞和棒状育婴室合在一起，就构成了银心。

银心之外有一个直径为 10 万光年的盘状结构，称为银盘。银盘上有一些恒星特别密集的区域，称为旋臂（图 4.25）。最主要的悬臂有 4 条，包括青色的3000 秒差距 - 英仙旋臂、紫色的矩尺 - 天鹅旋臂、绿色的盾牌 - 半人马旋臂以及红色的船底 - 人马旋臂。此外还有一些次要旋臂，例如太阳系"别墅"所在的橙色的猎户旋臂中。换言之，我们生活的太阳系，其实位于银河系"城区"内一个比较荒凉的地段。

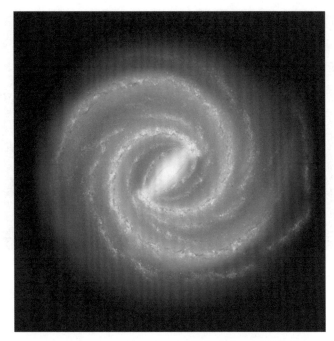

图 4.24 银河系

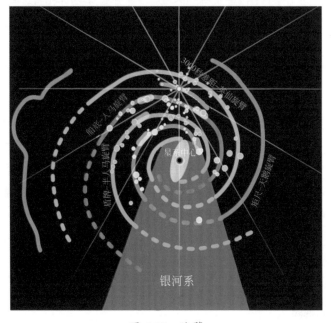

图 4.25 旋臂

　　而在银盘之外还有一个球状区域，称为银晕。银晕内部稀稀落落地分布着一些非常古老的恒星和球状星团，堪称银河系养老院。银心、银盘和银晕，共同构成了拥有 4000 亿栋"别墅"的银河系"城区"。

　　（4）本星系群，一个横跨 1000 万光年的"城市"（图 4.26）。

图 4.26　本星系群

　　本星系群中有两个中心城区：银河系和仙女星系。银河系的周围大概有 30 多个矮星系，其中离我们最近的是大犬座矮星系和人马座矮椭球星系，而名气最大的则是大、小麦哲伦星云。大部分矮星系就像卫星一样绕银河系公转，因而也被称为卫星星系。其他矮星系则只是从银河系周围飞掠而过。

　　另一个中心城区是与地球相距 254 万光年的仙女星系。仙女星系是本星系群的老大，其直径能达到 22 万光年，而质量能达到太阳质量的 1.5×10^{12} 倍。在仙女星系中心，同样盘踞着一个超大质量黑洞，其质量能达到太阳质量的 1 亿倍，是银心黑洞的 20 多倍。在成为本星系群老大的过程中，仙女星系吞并了大量的矮星系；所以在它周围，现在只剩下 10 多个矮星系。

最惊悚的是，仙女星系正在以 110 千米 / 秒的速度向银河系飞驰而来。大概再过 40 亿年，两者就会发生碰撞，最终并合成一个巨大的椭圆星系，即银河 – 仙女星系。

（5）室女座超星系团，一个横跨 1 亿光年的"省"（图 2.1）。

室女座超星系团的"省会"，是一座与地球大概相距 6000 万光年、拥有 2000 多个星系的"大城市"，即室女座星系团。室女座星系团有 4 个"主城区"，分别是 M87、M86、M89 和 M49 星系。

其中最有名也处于最核心位置的"主城区"，是 M87 星系。这是一个超巨椭圆星系，拥有几万亿颗恒星和 15 000 个球状星团。M87 星系有一个非常显著的特征：它有一条延绵 5000 光年、宛如宇宙探照灯的星际喷流（图 4.27）。而在 M87 星系的中心，有一个质量能达到太阳质量 65 亿倍的巨型黑洞，叫 M87*。M87* 是第一个被人类拍到照片的黑洞，这让它成了公众知名度最高的黑洞之一。未来 M87 星系还会继续扩张，进而与另一个"主城区"，即 M86 星系，发生并合。

图 4.27　M87 星系的星际喷流

除了"省会"以外，室女座超星系团还有大概 100 个"城市"，其中绝大多数都是和本星系群一样的"小城"，也就是由几十个星系所构成的星系群。只有在这个"省"的边境地区，才有两个中等规模的"城市"：天炉座星系团和波江座星系团。此外，室女座超星系团并不是引力束缚系统。这意味着，这个"省"内的绝大多数"小弟"都不怎么理睬室女座星系团这个"老大"，而纷纷奔向人马座方向的"一线城市"，即巨引源。

（6）拉尼亚凯亚超星系团，一个横跨 5 亿光年的"国家"（图 4.28）。

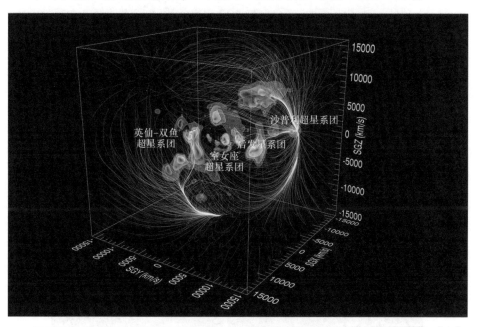

图 4.28　拉尼亚凯亚超星系团

质量能达到银河系 10 万倍的拉尼亚凯亚超星系团，其地形宛如一个巨大的山谷。位于"中心谷地"位置（坐标银经 307 度、银纬 9 度）的，就是这个帝国的"首都"巨引源。巨引源的质量能达到太阳质量的 5×10^{16} 倍。巨大的质量产生了巨大的引力，让包括银河系在内的上万个星系，都在以 600~1000 千米 / 秒的速度朝它靠近。一般认为，巨引源的真身是矩尺座超星系团。

在巨引源这个"首都"的周围还有 4 个"省"，分别是长蛇－半人马座超星系团、室女座超星系团、孔雀－印第安超星系团和南方超星系团。其中，长蛇－半人马座超星系团环绕着巨引源，就像河北省环绕着北京市；所以，可以把这个"省"视为拉尼亚凯亚帝国的首都圈。而首都圈外的 3 个"省"，即室女座超星系团、孔雀－印第安超星系团和南方超星系团，分别位于西南、西北和南方的"山谷"上。

把这 4 个 "省" 连在一起的 "道路"，就是引力。你可以把引力想象成蜘蛛丝。由于引力的存在，这 4 大 "省" 就连成了一张巨大的蜘蛛网，进而覆盖了拉尼亚凯亚 "帝国" 的整个山谷。位于蜘蛛网上的上万个星系，都在引力蛛丝的牵引下向着位于中心谷地位置的巨引源运动。一张覆盖山谷的巨大蜘蛛网，这就是拉尼亚凯亚超星系团的全貌（图 3.17）。

（7）武仙 - 北冕座长城，一个横跨 100 亿光年的 "大洲"（图 4.29）。

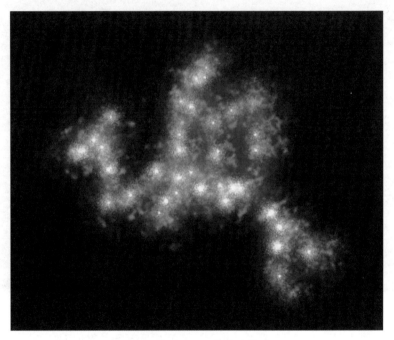

图 4.29　武仙 - 北冕座长城

这个 "大洲" 是 2013 年才发现的。那一年，一群天文学家通过分析伽马暴巡天数据，发现在武仙 - 北冕座方向、离地球 100 亿光年远的地方，有一个伽马暴特别密集的区域。要想支撑数量如此之多的伽马暴，这片区域内就必须包含数百万个星系。这片空间区域后来就被人们称为武仙 - 北冕座长城。武仙 - 北冕座长城的长度达到了惊人的 100 亿光年，是人类目前发现的最大天体结构。

众多 "大洲" 汇聚成了延绵数十亿光年的纤维状结构，而在这些纤维状结构之间则存在着巨大的空隙，即宇宙空洞（图 4.30）。目前发现的最大宇宙空洞是直径达到 20 亿光年的 KBC 空洞。我们居住的 "国家"，就位于这个 KBC 空洞的边缘。因为宇宙中绝大多数的空间区域都是空洞，所以从大尺度的角度来看，宇宙很像一个内部有一堆洞的"瑞士奶酪"。

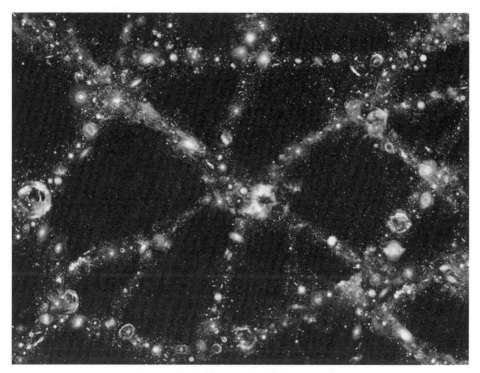

图 4.30　宇宙空洞

（8）可观测宇宙，一个直径为 930 亿光年的"星球"（图 4.1）。

可观测宇宙，是指以地球为中心、用望远镜能够看到的最大空间范围。前面已经讲过，横跨 930 亿光年的可观测宇宙，已经存在了 138 亿年，并且包含数万亿个星系。需要特别强调的是，可观测宇宙之所以存在，是因为宇宙一直处于膨胀的状态。

在可观测宇宙之外，其实还有更为辽阔的其他宇宙空间。但由于宇宙的膨胀，其他宇宙空间发生的事情，我们在地球上永远也不可能看到。所以，如果把宇宙比作一个层层嵌套的俄罗斯套娃，那么我们能看到的最大套娃就是可观测宇宙。当然，它也是这场宇宙空间之旅的终点。

最后，再说一件有趣的事情。

刚才我们按照从小到大的顺序，展示了 8 幅关于宇宙天体的画面。把这 8 幅画面串在一起，不仅是一场由近及远的宇宙空间之旅，还是一场回到过去的宇宙时间之旅。

原因非常简单。我们今天拍到的所有天体的照片，反映的都不是它们现在的样子，而是它们过去的景象。这是因为所有天体发出的光，都需要经过一定的时间才能到达地球，然后才可以被望远镜所捕捉。举个例子。太阳发出的光就需要8分钟才能传到地球，所以我们永远只能看到8分钟以前的太阳。从这个意义上讲，望远镜其实也是一个能通往过去的时间机器。

因此，在我们开启这场宇宙空间之旅的一刹那，就同时踏上了一场回到过去的时间之旅。在旅行的终点，我们不仅会到达宇宙的尽头，还会到达时间的起点，也就是宇宙创生的那一刻。

而从下一本书开始，我们将从宇宙创生的那一刻出发，开启一场返回现在的宇宙时间之旅。换句话说，我们将沿着时间长河顺流而下，一直漂游到今天的地球。这场宇宙时间之旅将解答最著名的哲学三问：我们从哪里来？我们是谁？我们将往何处去？

未来的宇宙时间之旅，我们不见不散。

致　谢

首先，我要感谢本书的责任编辑、清华大学出版社的胡洪涛老师。没有他多年的帮助、鼓励和支持，就不会有这本书。

也要感谢本书的另一位编辑王华老师。在时间非常紧的情况下，她为本书做了大量的文字编辑工作。

感谢中山大学物理与天文学院的郝雅娟书记、俞振华副院长以及范淑华教授。他们对我的职业生涯做过很多有益的指引。

感谢这些年一直在无私帮助我的人，包括李淼教授、王一教授、韦浩教授、徐海教授、冯舜旭先生、张琳琳女士、钟壬桐楥女士、梁陈超女士、陈艳女士、王兴斌校长、石兰涛主任、周卓诚老师、金建荣老师、曹天元老师、汪诘老师以及广东科学中心的李益老师、余协元老师、黄嘉健老师和羊荣兵老师。

感谢所有持续关注我的新浪微博的网友。在你们的支持和鼓励下，#宇宙奥德赛#的话题阅读量已经超过了12亿，这给了我一直写下去的信念和决心。

本书的出版得到了广东省科技创新普及领域计划项目的资助，项目编号：2020A1414040009。